JN070959

改訂版 幾何のはなし

●論理的思考のトレーニング

大村 平 著

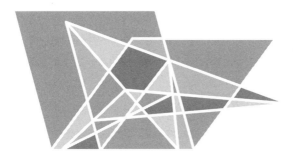

日科技連

まえがき

　幾何学は，人類にとって最大の知的財産であるといわれます．それもそのはず，「ある点からある点へ直線を引くことができる」とか「すべての直角は互いに等しい」など，だれでも同意できるような数項目の前提だけを使って，「だから，二等辺三角形の底角どうしは等しい」，「だから，与えられた線分を 2 等分することができる」など，あたりまえとも思える定理をつぎつぎに作り出し，つづいて，これらの定理を組み合わせて「三平方の定理」，「2 角夾辺の合同定理」などに発展させ，それらの上にち密で整然とした壮大な幾何学が築き上げられているのです．

　これらの理論構築の過程には主観や仮説がはいり込む隙間は寸分もありません．科学というものの真髄が「論理的に証明されていて，いつ，どこで，だれが試しても同じ結果になる」ことであるなら，科学的という意味では幾何の右に出るものはないでしょう．だから，幾何学は人類にとって最大の知的財産の名に恥じないのです．

　こういうわけですから，幾何学は論理的思考の訓練に適しているとの意見も多く，ノーベル賞を受賞された故福井謙一博士も教育に関する審議会で，学校教育でもっと幾何を重視するべきだと主張しておられたと聞きます．これに対して，幾何のおもしろさを理解するまでには相当の努力を要し，いまの子供（大人も？）にその辛抱を要求するの

は無理，という反論もあるそうです．

　どちらももっともだと，教育現場をまったく知らない私でさえ思います．それなら，その両方に対応できるような幾何の本があればいいに決まっています．つまり，あまり辛抱しなくても幾何が楽しめる本が望まれていると思うのです．そういえば近年になって，図形のおもしろさを前面に出した本が目につくようになりました．しかし，あれは図形のおもしろさであって幾何のおもしろさではありません．

　そこで，幾何の本を，その論理の流れはきちんと保ったまま，物語ふうに書いてみることにしました．ほんとうは，起承転結があって心がときめくような小説ふうに書けるといいのですが，私にはそれだけの力がありません．章だてなどは平凡なものになってしまいそうですが，初心だけは忘れずに書き上げるつもりです．出来映えについては存分にご批判を賜りたいと存じます．

　なお，「はなしシリーズ」の数学の分野の中で，いくつかの理由があって「幾何」だけが取り残されていました．今回，そこを埋めることができて，私としても充足感を味わっています．30年も昔にスタートした「はなしシリーズ」の今日があるのも，数多くの読者の方々からいただく暖い励ましのお言葉と，非才な私に出版の機会を与えつづけてくださる日科技連出版社の方々と，なかでも，30年にわたって喜びと苦しみを分かち合ってくれた山口忠夫部長のおかげと，心から感謝しています．

　　平成 11 年 7 月

　　　　　　　　　　　　　大　村　　平

　この本の初版が出版されたのは 1999 年の 9 月のことです．はなしシリーズの書き下ろしの中では比較的新しいものと思っていましたが，気がついてみたら，20 年余りの歳月を重ねていました．その間に，幾何学を取り巻く情勢はずいぶんと変化したようで，用語なども当時と変わっています．そこで，そのような部分を改訂させていただきました．

　もっとも，幾何学の基礎を築いたユークリッドは紀元前 300 年ぐらいの人ですから，その歴史から考えると 20 年ぐらいは大した歳月ではないのかもしれません．

　はなしシリーズの改訂版も，この本で 24 冊を数えるまでになり，改訂版の歴史も 20 年近くになりました．それもこれも，いままで，思いもかけないほど多くの方々にお読みいただいてきたお陰です．このシリーズが，いままで以上に多くの方のお役に立てるなら，これに過ぎる喜びはありません．

　なお，改訂にあたっては，煩雑な作業を出版社の立場から支えてくれた，塩田峰久取締役に深くお礼申し上げます．

　　令和 3 年 4 月

　　　　　　　　　　　　　大　村　　平

目　　次

第Ⅰ部　初等幾何に目を通す

第II部　　いろいろな幾何と出会う

第Ⅰ部

初等幾何に
目を通す

この本の約三分の二を占める第Ⅰ部では，ふつうの幾何をご紹介します．すなわち，直線，角，三角形，四角形，円などの特性や，それらの図形に共通する合同，相似などの概念を努めて平易に記述するとともに，有名な幾何学の定理はなるべく網羅するつもりです．

　幾何学が断片的な知識の寄せ集めではなく，異論を唱える余地のないほど単純で基礎的な事実をひとつひとつ丹念に積み上げて作り出された壮大な知識体系であることを読みとっていただきたいと思います．

1. 交わらない平行線

── 交わる平行線もあるか ──

初等幾何ことはじめ

石川達三の小説のひとつに『結婚の生態』があります。1938年に書かれたものですから時代背景がいまとは大きく異なり、現代の意識からは違和感を覚えるところも少なくありません。とくに、女性の頭脳をやや見下したようなトーンは、感情的な反発を呼ぶでしょう。しかし、この小説は結婚のあるべき姿に真正面から向かいあった真摯な作品なので、その一部を紹介させていただこうと思います。

「碁はいいものだ。冷静な理知の鍛錬方法としても、ち密な思考の方法としても、圓満な注意力を養う方法としても。感情をまじへないで物事を考えるといふ女性に缺けている能力を補うことができるかもしれない。」

「良き理智を習練するに好都合なものはないか。私は数学を選んだ。数学のなかでも代数のような抽象的なものは女の頭に

は興味が少ないだろう.」

「数学の中で一番女の頭で興味をもてるものは具体的なもの,結局私が考えついたものは初等幾何学であった.」

「私は幾何学の綿密に解説した参考書を探し出し,ノートとコムパスと三角定規とを買って与えた.ところで其志子はその第1頁をひらいて愕いてしまった.幾何学とは物体が空間を占有する有様について研究する学問である.物質に関係なく空間に描かれた形と位置と大いさとについて研究する学問である.さらに,点とは大いさも幅も厚さもなくただ位置があるのみである.線とは位置と長さがあるばかりで幅も太さもない.'面白い,こりゃ面白い!' 彼女は坐り直してそう叫んだ……」

幾何は,ひとことで言えば.図形に関する数学です.図形は,ふつうは具象的で目に見えるので,その性質を理解しやすいのですが,しかし,現実の図形は必ずしも素直ではありません.たとえば現実の三角定規は,ごく僅かとはいえ角の先端は崩れているし,3つの辺にも多少の曲りはあるし,3つの角度も寸分たがわず正確とはいえません.だいいち,厚みがあるので,厳密に言えば三角形ではなく三角柱です.

さらに,紙の上に三角形を描いてみてください.どれほど細い鉛筆で直線を引いたとしても線には幅があるので,その幅のどの位置で三角形を描いたのか判定できません.そして,2本の直線が合致したところが頂点を表わす点ですが,2本の線に幅があるくらいですから,合致するところには面積が生じ,厳密にはどこが頂点か特定できません.

けれども，そのような細部まで気にしていたのでは図形について
の考察は進行しません．そこで，余計な細部は切り捨てて図形を純
化したうえで，図形の性質を調べていくことにしましょう．その第
一歩が，点には大きさがなく，線には太さがないなどの純化です．
たいていの幾何の本がそうであるように，この本でも，このレベル
の純化を，なんの断りもなしに採用して話を進めることに同意して
ください．

では，さっそく始めます．まず，平面上における**直線**と**平行線**お
よびそれらが作り出す**角**についてです．当り前のことばかりですか
ら，図 1.1 を見ながら気楽に読みすすんでください．

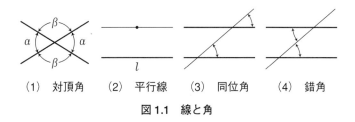

（1）対頂角　　（2）平行線　　（3）同位角　　（4）錯角

図 1.1　線と角

(1)　直線どうしが交わるとき，**対頂角**の大きさは同じです．図
　　 1.1 の(1)において，α どうしが互いに対頂角であり，また，
　　 β どうしも互いに対頂角です．このとき，β と α は互いに**補**
　　 角をなしているといいます．

(2)　直線 l 外の 1 点を通り，l に平行な直線が 1 本だけ存在しま
　　 す[1]．

(3)　平行な 2 直線に第 3 の直線が交わるとき，**同位角**の大きさ

＊1　2直線が重なる場合も平行とみなします．0 も数とみなし，空集合も集合
　　 とみなすのと同じ思想です．

は同じです．また，同位角が等しければ，2直線は平行です．

(4) 平行な2直線に第3の直線が交わるとき，**錯角**の大きさは同じです．また，錯角が等しければ，2直線は平行です．

また，角にはその大きさで区別するいろいろな呼び名も与えられています．まず，1つの角がその補角と等しいとき**直角**といわれ，直角であることは図1.2の(1)のように図示するのが幾何における作法です．そして，直角の大きさは∠Rと書き表わすことも周知のとおりです．また，図示してあるように，∠Rより小さい角は**鋭角**，∠Rより大きい角は**鈍角**と呼ばれます．

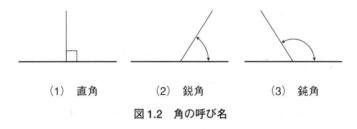

(1) 直角   (2) 鋭角   (3) 鈍角

図1.2 角の呼び名

さらに，2∠Rを**平角(へい)**と名付け，0から2∠Rまでの角を**劣角**，2∠Rから4∠Rまでの角を**優角**と呼び分けたりもします．

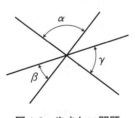

図1.3 やさしい問題

[**例題**] 図1.3のように，3本の直線が交わって6つの角を作っています．この6つの角を1つおきに加え合わせた

$$\alpha + \beta + \gamma$$

の大きさを求めてください．

[**解答**] αの対頂角をα′，βの対頂角をβ′，γの対頂角をγ′とすると，図に見るように

$$\alpha + \alpha' + \beta + \beta' + \gamma + \gamma' = 360° \ (4 \angle R) \tag{1.1}$$

ですが，ここで，$\alpha' = \alpha$，$\beta' = \beta$，$\gamma' = \gamma$ ですから

$$2\alpha + 2\beta + 2\gamma = 360° \ (4 \angle R) \tag{1.2}$$

$$\therefore \alpha + \beta + \gamma = 180° \ (2 \angle R) \tag{1.3}$$

日常感覚にマッチする幾何

　私たちは前の節で，初等幾何への第一歩を踏み出しました．そして，当り前のことですから気楽に読みすすんでくださいと断ったうえで，直線，平行線，対頂角，同位角，錯角などをご紹介しました．これらは，いずれも日常的な感覚で理解することができるので，気楽に読みすすめたわけです．

　ところがです．実は，これらの中で平行線だけはひと癖もふた癖もある難物なのです．どのように難物かというと，平行線はどこまでいっても，無限の遠くまでいっても，交わらない2本の直線であるというところから話がもつれはじめます．

　東京の新宿から西方へ走る JR 中央線は，中野から立川までのおよそ23km にわたって見事に一直線です．したがって，この間では2本のレールが平行線を作っています．そこで，その中間点あたりに立ってこの平行な2本のレールを眺めたら，目にはどのような光景が映るでしょうか．なんと，2本の平行線は遠方では1点に吸収されてしまいます．さらに回れ右をして反対側のレールを眺めても状況は同じです．つまり私たちの目では，無限の遠くまで交わらない平行線など見ることができないのです．そのため，日常的な感覚で平行線を論じることには無理があります．

平行線なんて
実在するのかな？

　平行線が1点に吸い込まれて見えるのは，遠近感と視力の分解能
力の限界から生じる錯覚にすぎないから，そういうことは気にせ
ず，どこまでいっても交わらない2本の直線があると信じればいい
ではないかと思われるかもしれません．しかし，地球上ではそうは
いきません．**直線**とは2点間の最短距離を与える線のことですが，
地球のような球面上で2点間の最短距離を与える線は大円——球
面を，その中心を通る平面で切ったときに切り口に現れる円——で
す．そして，すべての大円どうしは必ず交わります．だから，私た
ちが住む地球上には，無限の遠くまで交わらない2本の直線は存在
しないのです．

　そこで，球面上に住んでいる私たちとしては僭越ですが，地球の
表面とは無関係にどこまでも広がっている平面が，どの方向にでも
考えられると仮定しましょう．そして，「平行線とは，同一の平面
上にあって，両方向に限りなく延長しても，いずれの方向におい

ても互いに交わらない直線である」
と約束しましょう. そうすれば, 5
ページ(2)の「直線 l 外の1点を通り,
l に平行な直線が1本だけ存在しま
す」という記述も, 当り前のことと
して了承できようというものです.

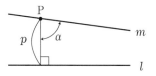

図1.4　平行線は引けるか

　これで, 平行線についてもすっきりと合点がいきそうなものです
が, まだまだ油断はなりません. 図1.4を見ながら奇妙な話に付き
合っていただきましょう.

　直線 l 外の1点Pから l に垂線をおろし, その垂線の長さを p と
します. さらにPを通る直線 m を引き, 垂線と m との角度を α と
します. そうすると, α が $\angle R$ なら l と m は平行線, α が $\angle R$ よ
り小さければ l と m は右側のほうで交わり, α が $\angle R$ より大きけ
れば左側のほうで交わる……というのが, 私たちの常識です. しか
し, この常識は少し安直にすぎます.

　かりに p がどんどん大きくなっていく状況を想像してみてくだ
さい. α が少しくらい小さくなっても p の増大に追いつかず, m
と l とは交われません. 逆に p が0に近づいていくと, α が $\angle R$
より少しでも小さければ, m と l はすぐに交わってしまいます. つ
まり, m と l が交わらない限界は

$$p \to \infty \quad \text{のとき} \quad \alpha \to 0$$

$$p \to 0 \quad \text{のとき} \quad \alpha \to \angle R$$

なのです. だから, いちがいに「直線 l 外の1点を通り, l に平行
な直線が1本だけ存在する」という決めつけ方には疑問が残ります.

　それにもかかわらず, この本の半分以上を占める第Ⅰ部では「直

線 *l* 外の 1 点を通り，*l* に平行な直線が 1 本だけ存在する」ということを前提として話をすすめることに同意ください．このような前提のもとに成り立つ幾何を**ユークリッド幾何**といいます．そして，その中でもわりあい理解しやすい範囲を指して初等幾何と通称しています．

初等幾何といってもバカにしてはいけません．それは，私たちの日常感覚とも整合するばかりか，実用上の価値も大きいし，それに，論理的にものごとを考えるための訓練として最適であることにも定評があるのですから．

いっぽう，前記の前提を否定して「……平行な直線はいくらでも存在する」としたり，あるいは「……平行な直線は存在しない」として成立する幾何は，**非ユークリッド幾何**と呼ばれます．これらについては第 II 部で触れるつもりですから，しばらくお待ちください．

ユークリッド幾何の誕生

幾何（geometry）は，geo が「地」を表わし，metry は「測る」ことですから，全体とすると「測地術」を意味します．古代エジプトではナイル河の氾濫があいつぎ，そのたびに土地を測り直す必要があったりして測地術が発達し，それが幾何学の誕生をうながしたのだと言われています．

このジオメトリーという言葉に幾何という文字が当てはめられたのは，geo をギリシャ語で読んだ時に発音が似ている（幾何），幾何の意味に metry の意味を掛けているなど，諸説あるようですが，

幾何という単語が図形の数学を表す用語となったのは，締まらない話のように思えます．

ま，フランスを仏，ドイツを独と書くようなものですから，気にしないことにしましょう．

ともあれ，実用上の必要から発生した測地術は，その後，幾何学というもっとも論理的な学問体系へと成熟していきます．その基礎を築いたのが**ユークリッド**[*2] です．その著書『原論』において，だれでも納得できる前提を示したうえで，その前提から出発して寸分の隙もない論理を積み上げ，平面幾何ばかりか立体幾何や整数論などにまで言及しています．そのなかから，だれでも納得できるだろうと提案している前提の部分の一部をご覧いただきましょう．

そこには，23条の定義と，5条の公準と，9条の公理とが提案されているのですが．この順序には拘わらずに例示していこうと思います．

まず，**公理**です．公理は幾何学ばかりでなく，数学の基礎としてだれもが認めるべき原則を述べたもので，つぎのとおりです．

(1)　同じものに等しいものは，また互いに等しい．

(2)　等しいものに等しいものを加えれば，全体は等しい．

(3)　等しいものから等しいものを引けば，残りは等しい．

(4)　等しくないものに等しいものを加えれば，全体は等しくない．

[*2] ユークリッド（Euclid，B.C.330 年ごろ～ B.C.275 年ごろ）は古代ギリシアの幾何学者．有名なわりには人物像がわかっていません．ひょっとすると，シェークスピアと同じように，ひとりの人物ではないのではないかと言う人もいるくらいです．なお，その著書の『**原論**』はバイブルにつぐベスト・セラーだと言われています．もちろん，出版部数が多いという意味ではなく，世界中の多くの人に読まれ大きな影響を与えたという意味です．

(5)　同じものの2倍は互いに等しい.

(6)　同じものの半分は互いに等しい.

(7)　互いに重なり合うものは，互いに等しい.

(8)　全体は部分よりも大きい.

(9)　2線分は面積を囲まない.

これらについては，どなたも異存ないでしょう.

　つぎは，**定義**です. つまり，用語の意味を約束するものです.

(1)　点とは部分を持たないものである.

(2)　線とは幅のない長さである.

(3)　線の端は点である.

　　　　　──中略──

㉓　平行線とは，同一の平面上にあって，両方向に限りなく延長しても，いずれの方向においても互いに交わらない直線である.

　いかがでしょうか. これらの中で(1)と(2)が『結婚の生態』の其志子さんが'面白い，こりゃ面白い！'と坐り直して叫んだ条文なのですが，これを面白いと感じるみずみずしい感性に敬意を表わしましょう. そして23条めが，8ページで取りかわした平行線の約束だったわけです.

　最後に，**公準**です. 公準という聞き馴れない用語は，哲学などで使われる**要請**と同様に，公理ほど自明ではなく，また，証明もできないけれど，学問上の原理として認めようというものを指しています.

(1)　任意の点から任意の点へ直線を引くことができる.

(2)　有限の直線を連続して真直ぐに延長することができる.

(3)　任意の中心と半径をもって円を描くことができる.

(4)　すべての直角は互いに等しい.

(5)　1直線が2直線に交わり, 同じ側の内角の和が2直角より
　　　小さければ, この2直線を限りなく延長すると, 2直角より
　　　小さい角のある側において交わる.

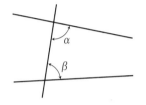

図1.5　α＋β＜2∠Rなら

ユークリッドの『原論』では. こ
れらの公理, 定義, 公準だけを使っ
て, 三平方の定理(ピタゴラスの定
理)などを含むたくさんの定理を証
明しています. まさに, 幾何学のバ
イブルと言うにふさわしいでしょ
う.

ところで, 公準の(5)をもういちど見てください. これは**平行線
の公理**[*3] として名高いのですが, 他の公準に較べて文章も長くて
すっきりしないし, ほんとうに自明のこととして合点できるのだろ
うかと心配になりませんか. ユークリッド先生も, 平行線にはずい
ぶん気を使ったような気配さえ感じます. そこで, この命題につい
ては多くの数学者によって, もっと簡単な命題から導いたり, 表わ
したりできるのではないかと深い研究がつづけられました. あまり
に多くの数学者を悩ませた疑惑であったため, ダランベール先生[*4]
が幾何学のスキャンダルと呼んだほどでした.

[*3]　これを平行線公準, 平行の公理と呼んでいる本も少なくありません.

[*4]　ダランベール(J. L. R. d'Alembert, 1717年〜1783年). 生まれた晩に捨
　　てられるという薄幸な運命を背負いながら, 若くして学界にその名をとど
　　ろかせたフランスの数学者. 力学や哲学の分野でも活躍しました.

　しかし，この疑惑はスキャンダルには終らず，多くの成果を生みました．その第一は，平行線の公理は他の公準や公理のようなもっと簡単な命題だけでは証明できないけれど

　「直線 l 外の1点を通り，l に平行な直線が1本だけ存在する」

　「平行な2直線に第3の直線が交わるとき，錯角の大きさは等しい．また，錯角が等しければ，2直線は平行である」

　「三角形の内角の和は2直角である」

など，多くの命題と同値，すなわち，どちらかの命題を仮定すれば他の命題も成立することが証明されました．

　そして第二には，10ページでも触れたように「……平行線はいくらでも存在する」としたり「……平行線は存在しない」という前提から出発しても，論理的に自己矛盾のない幾何学が成立することが発見されたのです．

　そして，多くの定理が誕生

　話の順序とすれば，このあと，だれでも納得できる前提として示された9つの公理，23の定義，5つの公準だけを手掛りとして，5ページで当り前のこととして紹介した「対頂角は等しい」などの4項目を導き出したり，平行線の公準や「直線 l 外の1点を通り，l に平行な直線は1本だけ」や「三角形の内角の和は2直角」などの命題が，互いに同値であることを証明する手順を見ていただくのが筋でしょう．

　『原論』では，きちんとした手順を踏んでこれらの証明をしながら，三平方の定理などたくさんの定理を作り出しています．その手

順は，つぎのように進行します．

まず，公理(1)と公準(1)と(3)および，12ページの定義のところでは省略されている円，中心，半径，正三角形などの定義だけを使って「与えられた線分の上に正三角形を作ることが

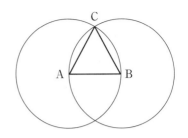

図1.6　正三角形は作れる

できる」という命題を証明し，これを定理(1)とします．その証明は，つぎのとおりです．

中心をA，半径をABとする円と，中心をB，半径をBAとする円を描き{公準(3)}，その交点をCとして，AとC，BとCを結び{公準(1)}とします．そうすると，AC = AB，BC = BAだから，AC = BCです{公理(1)}．故に，△ABCは正三角形です．

つづいて，いま導いた定理(1)と，公理(3)，公準(2)を用いて「与えられた点において，与えられた線分に等しい線分を作ることができる」ことを証明し，これを定理(2)とします．

さらにつづいて…と，だんだんに定理を蓄積し，それらと公理や公準などを縦横に組み合わせて新しい定理を生み出していきます．そして15番めには「2直線が互いに交わるならば対頂角は互いに等しい」という定理を，29番めには平行線についての公準(5)の助けを借りて「1直線が2本の平行線に交わって作る錯角は互いに等しく，同位角も等しく，同じ側の内角の和は2直角に等しい」という定理を，31番めには「与えられた点を通り，与えられた直線に平行線を引くことができる」という定理を，47番めには有名な三

平方の定理を，48番めには三平方の定理の逆を証明して，全13巻
にも及ぶ『原論』の第1巻は終っています．

　紙面の都合で，これらのすべてをご紹介できないのは残念です
が，私たちが日ごろ当然のように使っている定理の多くは，ユーク
リッド先生によって『原論』の中で作り出され，証明されたものな
のです[*5]．

　では最後に，この章でご紹介しながら証明しないままになってい
る命題の中から2つを選んで証明し，この章の幕を引くことにしま
しょう．

　その第一として，平行線に関する公準(5)の力を借りて「1直線
が2本の平行線と交わって作る錯角は互いに等しい」ことを証明し
ます．

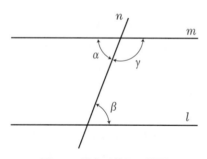

図 1.7　錯角が等しい証明

[**証明**]　図1.7において，
l と m が平行であるとしま
す(これを，$l \parallel m$ と表わ
すのが $\overset{.}{し}\overset{.}{き}\overset{.}{た}\overset{.}{り}$ です)．そ
して，もし $\alpha \neq \beta$ ならば，
α のほうが大きいか β のほ
うが大きいかのどちらかで
すから

$$\alpha > \beta \qquad (1.4)$$

[*5]　『ユークリッド原論[追補版]』については日本語訳(共立出版，2011)が出
　　版されています．なお，初等幾何を学ぶために読むのであれば，『ユーク
　　リッド原論を読み解く』(吉田信夫著，技術評論社，2014)などに抄録されて
　　いる内容でじゅうぶんでしょう．

と仮定してみます．この両辺に γ を加えると

$$\alpha + \gamma > \beta + \gamma \tag{1.5}$$

ですが，ここで $\alpha + \gamma = 2\angle R$ ですから

$$2\angle R > \beta + \gamma \tag{1.6}$$

です．つまり，「同じ側の内角の和が2直角より小さい」のです．それなら，平行線の公準(5)によって2直線 l と m は交わってしまい，$l \parallel m$ という前提と矛盾します．だから，$\alpha > \beta$ という仮定は誤りであったに違いありません．

また，$\alpha < \beta$ と仮定しても，同じようにそれが誤りであることを立証できます．こうして，$\alpha \neq \beta$ であることは完全に否定され，「1直線が2本の平行線と交わって作る錯角は互いに等しい」ことが証明されました[*6]．

つづいてこんどは，「三角形の内角の和は2直角である」と仮定すると平行線の公準(5)が成立することを証明して，この章の最後を飾ろうと思います．

[**証明**] 2直線 l と m が点 O と点 P において直線 n と交わっています．そのとき，同じ側の内角 θ と η の和が2直角より小さければ l と m が交わることを証明しましょう．

図1.8を見ながら，ごみごみした理屈に付き合ってください．まず，直線 l 上に適当に点 A_0 を定め，さらに，$PA_0 = A_0A_1$ となるように A_1 点を決めてください．そうすると，$\triangle PA_0A_1$ は二等辺三角形ですから，「三角形の内角の和は2直角である」との仮定によって

---

*6 この場合のように，ある事実を否定すると矛盾が発生することを示すことによって，その事実を肯定するような証明法を**背理法**といいます．

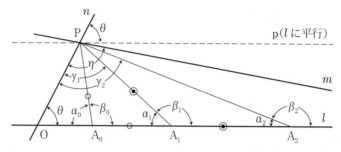

図1.8　たくさんの角がいり乱れていますが

$$\beta_0 + 2\alpha_1 = 2\angle R \tag{1.7}$$

ですが, これに $\alpha_0 + \beta_0 = 2\angle R$ の関係を代入すると

$$\alpha_1 = \frac{1}{2}\alpha_0 \tag{1.8}$$

の関係が求まります. つづいて, $PA_1 = A_1A_2$ となるように A_2 点を決めると, $\triangle PA_1A_2$ はやはり二等辺三角形となり

$$\beta_1 + 2\alpha_2 = 2\angle R \quad \text{と} \quad \alpha_1 + \beta_1 = 2\angle R \tag{1.9}$$

の関係から

$$\alpha_2 = \frac{1}{2}\alpha_1 = \frac{1}{2^2}\alpha_0 \tag{1.10}$$

であることがわかります. 以下, 同様に A_3 点, A_4 点などを決めていくと, 一般に

$$\alpha_n = \frac{1}{2^n}\alpha_0 \tag{1.11}$$

の関係が成立することを知ります. つまり, n を大きくすれば α_n はいくらでも小さくできるのです.

いっぽう，$\theta + \alpha_n + \gamma_n = 2\angle R$ ですから

$$\gamma_n = 2\angle R - \theta - \alpha_n \tag{1.12}$$

であり，n を大きくすれば，γ_n はいくらでも $2\angle R - \theta$ に近づけることができます．ところが，直線 m は

$$\theta + \eta < 2\angle R \qquad \therefore \quad \eta < 2\angle R - \theta \tag{1.13}$$

になるように引いたのでしたから，γ_n が $2\angle R - \theta$ にどんどん近づいていくと，必ず η は γ_n に追い越されてしまいます．そのときには，直線 m は PA_n の直線より下（直線 l 寄り）にきているはずであり，すなわち，直線 m と直線 l はまちがいなく交わっています．

2. 三角形が図形の基本

——— ロバが橋を渡る ———

三角形の決定条件

私ごとで恐縮です．私が居住していた敷地は三方が道路に面していて開放感はバツグンなのですが，変な恰好をしていました．登記

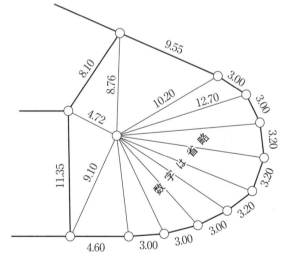

図2.1 どうして，こうするの？

簿に付属している実測図をかなり簡略化して描いてみたのが図 2.1
です．見てください．敷地の変な形を多くの三角形に分割して表わ
しています．なぜ，三角形なのでしょうか．四角形以上の多角形が
使われていないのは，なぜでしょうか．

　その理由は簡単です．三角形は 3 つの辺の長さを与えさえすれ
ば，その形や大きさが決まってしまい，紛れが生じないからです．
四角形や五角形などでは，そうはいきません．辺の長さを決めただ
けでは，長方形と平行四辺形が互いに行ったり来たりするように形
や大きさが決まらず，結局，それを決めるには対角線を入れて三角
形に分割するか，やっかいな測量を要する角度を決めてやる必要が
あるからです．

　このように，三角形は図形の中でもっとも安定した紛れのない形
です．だから，地図を作るための測量も三角形の継ぎ合せを原則と
しているし，鉄橋などの構造物にも三角形の組合せが多用されてい
るわけです．それなら，変な形をした私の敷地が三角形の組合せで
表示されているのも納得できます．ところで，敷地の中心に位置
する○点の上には，いまは建物が建っていて近寄ることができませ
ん．敷地を測量し直す必要が生じたら，どうするんでしょう？

　三角形は 3 つの辺の長さを与えれば，その形や大きさが決まると
書きました．実は，三角形はこの場合ばかりでなく，つぎのいずれ
かを与えれば決まります．

　(1)　3 つの辺の長さ

　(2)　2 つの辺の長さと，その間の角の大きさ

　(3)　1 つの辺の長さと，その両端の角の大きさ

これらは**三角形の決定条件**といわれます．そして，(1), (2), (3),

のいずれかが等しい2つの三角形どうしはぴったりと重ね合わせることができ，そのようなとき2つの三角形は**合同**であるということは，幾何のイロハのうちでしょう．

では，この3つの場合に三角形が決まってしまう有様を図 2.2 で確認していただきましょう．

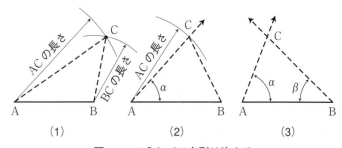

図 2.2　こうして三角形は決まる

いちばん左は(1)の場合です．三辺の長さがそれぞれ AB, AC, BC で与えられていると思ってください．まず，AB に等しい長さの線分を任意の位置に引きます．そして，A を中心にして半径 AC の弧(円周の一部)を描き，また，B を中心にして半径 BC の弧を描いて，2つの弧の交点を C とします．つづいて A と C, B と C を直線で結ぶと△ ABC が決まります．

(2)の場合では，2つの辺の長さ AB と AC, および辺 AB と辺 AC の間の角 α が与えられているものとしましょう．まず，AB を任意の位置に引きます．そして，AB と α の角度を作る**半直線**(一方に端があり他方には端がない直線)を A 点から引き，その長さを AC で切り，その点を C としてください．この C と B とを直線で結べば△ ABC のでき上がりです．

(3)の場合には，まず，与えられた辺の長さ AB に等しい長さの線分を任意の位置に引き，A 点からは AB と α の角度を作る半直線を，また，B 点からは AB と β の角度を作る半直線を引いてください．そして，この2本の半直線の交点を C とすると△ABC が完成します．

ここで，ちょっとした注意を喚起しなければなりません．図2.2の(1)をもういちど見ていただけませんか．そこには，A を中心とした半径 AC の弧と，B を中心とした半径 BC の弧とが，線分 AB の上方で交わる図だけが描いてあります．しかし，この2つの弧はAB の下方でも交わるはずです．そうすると，下方の交点を C′ としたとき，△ABC′ も三辺の長さがそれぞれ AB，AC，BC である三角形となってしまいます．しかも，△ABC と△ABC′ とは，図2.3の(1)に見るように異なる三角形です．これでは，「3つの辺の長さ」を与えれば三角形は決まるとは断定できません．

さらに「2つの辺の長さと，その間の角の大きさ」を与えた場合にも図2.3(2)のように2つの三角形が作れるし，また，「1つの辺の長さと，その両端の角の大きさ」を与えたときにも図2.3(3)のよ

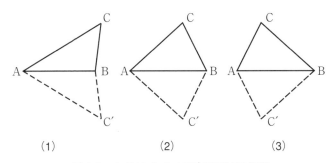

図 2.3　△ABC と△ABC′ は同じ三角形

うな 2 つの三角形ができてしまいます．これでは，21 ページの (1)，(2)，(3) は三角形の決定条件とは言えないのではないかとの疑念が涌いてきます．いったい，この事態をどう解釈すればいいのでしょうか．

図 2.3 の (1)，(2)，(3) では，△ABC を平面上で移動したり，回転したりするだけでは，△ABC′ と重ね合わせることができません．しかし，裏返しにすればぴったりと重なり合います．そこで，合同という概念を「2 つの図形を運動によって重ね合わせることができるとき，その 2 つの図形は**合同**である」と約束します．運動の中には，もちろん，裏返しも含めます[*1]．そして，合同な図形は同じ種類の図形であると約束しましょう．これで問題解決です．三角形の決定条件 (1)，(2)，(3) に従えば，それぞれ同じ種類の三角形しか発生しませんから，決定条件という名にふさわしい権威を備えていることに同意していただけると思います．

[**問題**] 三角形の決定条件 (2) は「2 辺の長さと，その間の角の大きさ」でした．なぜ，これを「2 辺の長さと，1 つの角の大きさ」としてはいけないのでしょうか．

[**解答**] 辺 AB と辺 AC の長さ，および，この両辺には挟まれない角 B の大きさ α が与えられているとしましょう．三角形を描くには，まず，任意の位置に辺 AB を引き，AB と α の角度を作る半直線を B 点から立て，それを A を中心とする半径 AC の弧で切ります．そのとき，図 2.4 の (1) のように，B から立ち上る半直線と A を中心とする弧の交点が 1 つだけなら，三角形は 1 種類に決ま

[*1] 図形を裏返して重ね合わせることのできる合同を，とくに裏返し合同ということもあります．61 ページ参照．

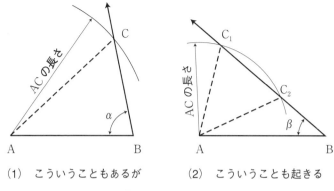

（1）　こういうこともあるが　　　　（2）　こういうことも起きる

図 2.4　「2 辺と 1 つの角」の場合

りますから，「めでたし，めでたし」です．

　けれども，角度と弧の大きさによっては，図 2.4 の (2) のように交点が 2 つも求まり，したがって，2 種類の三角形ができてしまうこともあります．だから，「2 辺の長さと，1 つの角の大きさ」だけでは，三角形が決まるとは限らないのです．

　ついでに，どういう場合に交点が 2 つできるかを，辺の長さや角度の大きさの組合せを変えながら，考えていただくのもおもしろいでしょう．

なぜ，定規とコンパスか

　前節で，三角形の決定条件を実証するに当たって，「AB に等しい長さの線分を任意の位置に引く」とか「AB と α の角度を作る半直線を A 点から引く」とか「その長さを AC で切る」というような作業を当り前のこととして行なってきました．しかし，そのような作業ができるという保証はあるのでしょうか．

　なんで，そのように当り前のことにまで保証を求めるのだと，立腹されては困ります．数学，とくに幾何では，第1章で述べたように，「同じものに等しいものは，また互いに等しい」というような5項目の公理と，「任意の点から任意の点へ直線を引くことができる」などの5項目の公準だけを手掛りにして，つまり，だれもが直感的に同意できる極めて単純な自明の前提から出発して，つぎつぎと論理を組み立てていくのが特長なのです．

　この点が，たとえば「引力は質量に比例し，距離の2乗に反比例する」という大胆な仮説を立てて，その仮説に基づいて計算された物体の運動が現実の自然現象の観測結果とよく合えば，仮説は正しいとの自信を深めて応用範囲を広げていく……というような，自然科学や社会科学とは決定的に異なるところなのです．

　それでは幾何の精神にのっとり，9項目の公理と5項目の公準によって「できる」ことが証明されている基本的な作業を列記してみましょう．

　（1）　与えられた2点を直線で結ぶこと．｛公準(1)と同義｝
　（2）　与えられた線分の長さを所望の位置に移すこと．
　（3）　与えられた角度の大きさを所望の位置に移すこと．
　（4）　与えられた線分の長さを2等分すること．
　（5）　与えられた角度の大きさを2等分すること．
　（6）　与えられた直線上の任意の位置から垂線を立てること．
　（7）　与えられた直線上に与えられた点から垂線を下ろすこと．
　（8）　与えられた点を通り，与えられた直線に平行線を引くこと．
これらは，言葉づかいは少し変えてありますが，いずれも第1章でご紹介したユークリッドの『原論』の中で証明されて定理と

なっているものですから，幾何の精神にのっとっても「できる」こ
とが保証されていると言えるでしょう．しかも，これらの作業を実
行するために必要な具体的な行為は

(a)　与えられた 2 点を直線で結ぶこと，および線分を一直線に
　　延長すること．{ 公準 (1)，(2) もどき }

(b)　与えられた点を中心とし，与えられた線分に等しい半径の
　　円を描くこと．{ 公準 (3) もどき }

にすぎません．そこで，(a) と (b) を**作図の公法**または**作図の公準**
と呼んだりもします．そして，(a) のほうは直線定規とエンピツが
あれば実行できますし，また，(b) はコンパスがあれば実行できま
す．したがって，前ページの (1) から (8) までの作業は，エンピツを
別にすれば (直線) 定規とコンパスがあれば実行可能です．

　実行可能の証を図 2.5 に展示しておきました．(1) は，与えられ
た 2 点に定規を当てて直線を引くだけですから，省略してありま
す．(2) は，与えられた線分 AB の長さを，C から伸びる半直線の
上に移しているところです．コンパスの脚の開きを AB に合わせ，
その半径で C を中心に弧を描き，半直線と弧の交点を D とすれば，
AB の長さを CD に移すことができます．作業自体は子供だましで
すが，目盛りを刻んだ物差しなどを使っていないことにご注意くだ
さい．

　(3) は，与えられた角度 α を $\angle$EDF の位置に移しているところ
です．A を中心として適当な半径で角度 α を作る 2 直線を切り，そ
の交点を B，C とします．(2) の要領で AB = DE になる E 点を求
めると同時に，半径 DE の弧を上方に伸ばしておきましょう．そし
て，コンパスの脚の開きを BC に合わせ，E を中心にして上方に伸

28

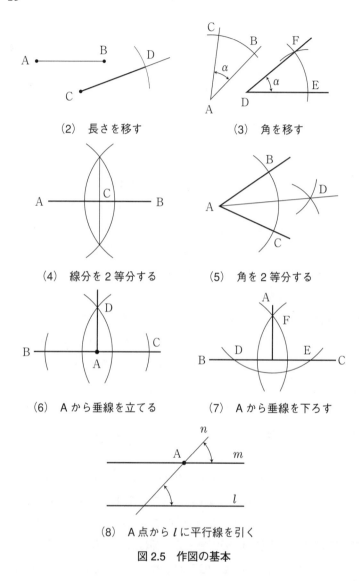

(2) 長さを移す　　　　(3) 角を移す

(4) 線分を2等分する　　(5) 角を2等分する

(6) Aから垂線を立てる　(7) Aから垂線を下ろす

(8) A点からlに平行線を引く

図2.5　作図の基本

ばした弧を切り，その交点をFとすれば，∠EDFはαと等しくな
ります．

　(4)では，与えられた線分を2等分しています．AとBを中心に
する同じ半径の弧を描いて2つの交点を作れば，交点どうしを結ぶ
直線とABとが交わる点Cが直線ABを2等分する位置となります．

　(5)では，角を2等分します．まず，Aを中心とする弧を描くこ
とによってAB = ACとします．つぎに，BとCから同じ半径の
弧を描いて，その交点をDとすれば，直線ADが∠BACを2等分
します．

　(6)は，A点から垂線を立てている図です．Aを中心にして左右
に同じ半径の弧を描き，AB = ACとしてください．つぎに，それ
より少し大きい半径でBとCから弧を描き，その交点をDとすれ
ば，DAがBCに対する垂線となります．

　(7)は，A点から直線BCに垂線を下ろしましょう．Aから少し
大きめの弧で直線BCを切り，その交点をD，Eとします．つづい
て，DとEから等しい半径の弧を描いてその交点をFとし，AFを
延長してBCにぶつければ，それが所望の垂線です．Fを直線BC
の下方に作ってもいいことは，言うに及びません．

　(8)は，A点を通ってlに平行な直線mを引いているところです．
Aを通る適当な直線nを引き，(3)の手順によって，lとmの同位
角を等しくしてやれば，mはlに平行になります．

　ごみごみした話がつづいて恐縮ですが，幾何学では目盛りのない
直線定規とコンパスだけを用い，27ページでご紹介した2項目の
作図の公法だけに頼って図を描くことを**作図**と称しています．そし
て，与えられた条件に適する図形を作図によって描く問題を**作図題**

といいますし，有限回の作図の組合せで完了することができる作図
題を**作図可能な問題**であるといいます．

　こういうわけですから，作図は幾何の真髄といっても過言ではあり
ません．この本の第Ⅰ部では，至るところでこの真髄に触れることになるでしょう．ただし，いずれの場合も作図可能な問題ばかりで話がすすむので，この際，作図が不可能な問題を3問ご紹介して，話に彩りを添えようと思います．

　1. 与えられた立方体の2倍の体積をもつ立方体を作図せよ(**立方体倍積問題**)．

　2. 与えられた角を3等分せよ(**角の三等分問題**)．

　3. 与えられた円と面積が等しい正方形を作図せよ(**円積問題**)．

　この3問は**ギリシアの三大難問**として名高く，ユークリッド以前から2千年以上にわたって多くの数学者を悩ましつづけた挙句に，いまでは定規とコンパスでは作図できないことが知られています．なぜ作図できないかにお答えする余裕のないのが残念ですが，友人との知的会話の種としてでも，ご利用ください*2.

三角形の辺と角

　この章は「三角形」を取り扱う章なのに，暫くの間，作図の話に

＊2　ギリシアの三大難問が作図によって解けない理由は，ひとことでいえば，
　　作図でできることは，長さに対する．＋，－，×，÷，$\sqrt{}$（たとえば，長
　　方形の対角線）に限られるのに，三大難問はそれ以上の演算を要求するから
　　です．このことについては，正多角形の作図とのからみで，103ページの脚
　　注を参照してください．

寄り道をしてしまいました．ここで，本道に戻って三角形の話をすすめましょう．

　まず，だれでも知っていることですが，2つの辺の長さが等しい三角形を**二等辺三角形**，3つの辺の長さが等しい三角形を**正三角形**，1つの角が直角である三角形を**直角三角形**といいます．

　つぎに，角の名称と，それらの大きさについての性質を列記します．いずれも当り前のことのようでありながら，幾何の精神に照らしてみると小骨が喉にひっかかったような感じのものもあるので，油断なりません．

　(1)　3つの内角の和は2直角です．この命題は，第1章でるる述べたように，公準(5)や「直線 l 外の1点を通り，l に平行な直線が1本だけ存在する」など多くの命題と同値です．これを信じないとユークリッド幾何学が成り立たないのですから，いまさら「なぜだ？」とは考えないで鵜呑みにしてください．ただし，2直線が交わるときの対頂角は等しいとか，平行線に1本の直線が交わるときには同位角どうしや錯角どうしが等しい(5ページ)ことを前提にして「内

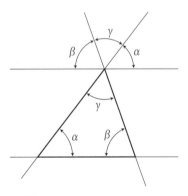

図 2.6　$\alpha + \beta + \gamma = 2\angle R$

角の和は2直角」を目で確かめるには，図2.6が便利です．

　(2)　外角は，それに隣り合わない2つの内角の和と同じです．図2.7に描いたような位置の角を外角といいますが，図からわかる

図 2.7　外角＝α＋β

ように

$$\alpha + \beta + \gamma = 2 \angle R \qquad (2.1)$$

$$\gamma + 外角 = 2 \angle R \qquad (2.2)$$

　　故に　　　外角 $= \alpha + \beta \qquad (2.3)$

の関係が常に成立します.

　[**クイズ**]　三角形の外角の和はいくらでしょうか. 答は 34 ページの脚注にあります[*3].

　つぎに, 辺と角の関係にすすみます.

　(3)　二等辺三角形の 2 つの底角の大きさは同じです. その逆も成立します. 当り前じゃん, などといわないで, この事実を証明していただけませんか. 実は, これは**ロバの橋**と呼ばれ, ロバ(ass：愚か者の意味もある)はここで落伍すると言われてきた難問なのです. どのように証明するのかというと, つぎのとおりです.

　二等辺三角形△ABC を裏返したものを△A′B′C′ とし, A, B, C がそれぞれ A′, B′, C′ に移ったと思ってください. ここで, △A′B′C′ を裏返すことなく平面上をずらして, △ABC に重ねましょう. 二等辺三角形△ABC では AB ＝ AC ですし, また, AC ＝ A′C′ なので, AB＝A′C′ です. したがって, A′ を A に重ねると同時に C′ を B に重ねることができます.

　このとき, ∠C′A′B′ ＝ ∠BAC だから, 辺 A′B′ は辺 AC の上に重なるし, A′B′ ＝ AC だから B′ は C に重なります. 故に, 底辺 C′B′ は底辺 BC と重なります. したがって, ∠A′C′B′ ＝ ∠ABC です. ところが, ∠A′C′B′ はもとの△ABC の ∠ACB なのですから, ∠ACB ＝ ∠ABC……, いかがでしょうか. ロバの橋を無

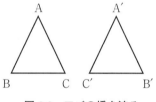

事に渡りきれましたか？　やれや
れ！

　この逆，つまり，2つの底角の
大きさが等しい三角形は二等辺三
角形であることも，似たような筋
書きで証明できます．

図2.8　ロバの橋を渡る

　(4)　正三角形では，3つの角がそれぞれ60°で等しく，その逆も
成立します．この性質はロバの橋の性質から導き出されます．

　(5)　長い辺に対する角は，短い辺に対する角より大きい．この
証明は，つぎのとおりです．

　図2.9を使って，AB＞ACなら∠ACB＞∠ABCであることを
証明しましょう．AC＝ADになるような点DをAB上にとると，
△ADCは二等辺三角形ですから，(3)によって

$$\angle ACD = \angle ADC \tag{2.4}$$

34

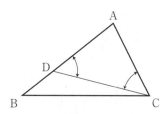

**図 2.9　長い辺の対角は短い辺
の対角より大きい**

です．ところが

$\angle ACB > \angle ACD$　で

$\angle ADC > \angle ABC$　　　(2.5)

ですから,

$\angle ACB > \angle ABC$　　　(2.6)

(5′)　大きい角に対する辺は,
小さい角に対する辺より長い．図
2.9 を使いながら，△ABC にお

いて∠C > ∠B(∠ABC を紛らわしくないときには∠B と略記し
ます．∠C についても同様です)なら，AB > AC であることを証
明しましょう．まず

(5)によって　　AB > AC　なら　∠C > ∠B

(5)によって　　AB < AC　なら　∠C < ∠B

(3)によって　　AB = AC　なら　∠C = ∠B

です．ここで，∠C > ∠Bの場合にAB > ACでないと仮定すれば,
AB < AC か AB = AC でなければなりません．もし AB < AC と
すれば,(5)によって∠C < ∠B となり，私たちの仮定に反します．
また AB = AC とすれば，(3)によって∠C = ∠Bですから，これ
も仮定に反します．このように，AB < AC も，AB = AC も成立
しませんから，AB > AC に決まりです*4.

(6)　三角形の1辺は，他の2辺の和よりは短く，差よりは長い．

---

*3　[32ページのクイズの答]　図2.7のように，γの外角 = $\alpha + \beta$です．同
様に，αの外角 = $\beta + \gamma$，また，βの外角 = $\gamma + \alpha$，そこで，この3式を
加えると

　　　三角形の外角の和 = $2(\alpha + \beta + \gamma) = 4\angle R$

　まず，前半の部分「1 辺は 2 辺の和より短い」を証明しましょう．
図 2.10 において，辺 BA を A の方向に伸ばし，AD = AC になるよ
うに点 D を決めます．そうすると，△ ADC は二等辺三角形ですか
ら，∠ ADC ＝∠ ACD です．また，CA は∠ BCD の中にあるので

$$\angle \mathrm{ACD} < \angle \mathrm{BCD}$$

　故に　∠ ADC ＜∠ BCD　　　　　　　　　　　　　　　　(2.7)

です．ここで△ BDC では∠ BDC ＜∠ BCD が明らかですから(5′)
によって，BC ＜ BD です．ところが

$$\mathrm{BD} = \mathrm{BA} + \mathrm{AD} = \mathrm{AB} + \mathrm{AC} \qquad (2.8)$$

　∴　BC ＜ AB ＋ AC　　　　　　　　　　　　　　　　　(2.9)

　つづいて，後半の部分「1 辺は 2 辺の差より長い」に移ります．
1 辺は他の 2 辺の和より短いことは証明ずみですから

$$\mathrm{AB} < \mathrm{BC} + \mathrm{AC} \qquad (2.10)$$

$$\mathrm{AC} < \mathrm{BC} + \mathrm{AB} \qquad (2.11)$$

　もし AB ≧ AC なら，式(2.10)によって

$$\mathrm{AB} - \mathrm{AC} < \mathrm{BC}$$

また，もし AB ＜ AC なら，式(2.11)に
よって

$$\mathrm{AC} - \mathrm{AB} < \mathrm{BC}$$

であり，いずれにしても，1 辺 BC は他
の 2 辺の差より大きいことが証明されま

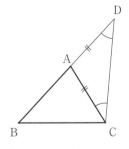

図 2.10　なにがわかる？

＊4　このような証明法は**転換法**と呼ばれます．いまの例で，AB ＞ AC，AB
　　＝ AC，AB ＜ AC の 3 つの場合に分けたように，起こり得るすべてのケー
　　スを洗い上げて，本命以外がすべて成立しないことから本命の成立を証明
　　しようというところが**背理法**(17 ページ脚注)と異なります．

した.

[**例題**]　図 2.11 の A 点から出発し，直線 l のどこかへタッチし，B 点に到着したいと思います．直線 l のどの位置にタッチすると最短経路になるでしょうか．

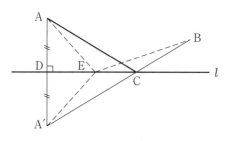

図 2.11　最短経路を求む

[**解答**]　この答えは，ほんとに簡単です．l をはさんで A の対称点 A′ をとり，A′ と B を結ぶ直線が l と交わる点を C とすると，A → C → B が最短経路になります．その理由は，つぎのとおりです．

l 上に，C ではない任意の点 E をとり，A → E → B の長さと A → C → B の長さを較べてみてください.

$$\text{A → E → B の長さ} = AE + EB = A'E + EB \qquad (2.12)$$

$$\text{A → C → B の長さ} = AC + CB = A'C + CB \qquad (2.13)$$

なのですが，式(2.12)は △A′EB の 2 辺ですし，式(2.13)は同じ三角形の 1 辺です．だから，勝負あり，です．E をどこに決めても事情は変わりませんから，A → C → B が最短経路というわけです[5].

　自然界では光や電磁波など，多くのものが最短経路を選んで走る

---

*5　この問題を解析的に解いてみてください．DE $= x$ とおいて AE + EB が最小になるような x を求めるのです．やってみると，超越関数が現れたりして頭痛が起きそうです．そのため，この問題は図形が数式より役に立つ好例として引用されたりもします.

ことが知られていて，これを**最小作用の原理**といいます．ボールや光の反射とか．人が l という川で水をくんで B 点へ向かう最短経路なども，この原理に支配されているというわけです．

三平方の定理

　世にかずかずの定理がありますが，**三平方の定理（ピタゴラスの定理）**ほど有名なものはないでしょう．三平方の定理は図 2.12 のように，「直角三角形では，斜辺の上に乗る正方形の面積が，他の辺の上に乗る2つの正方形の面積の和に等しい」というものです．

　この本は幾何の本ですから，なるべく代数式は使いたくないのですが，ここでは三平方の定理の内容を

$$a^2 = b^2 + c^2 \qquad (2.14)$$

と書いてしまうほうが，理解しやすいかもしれません．

　三平方の定理は，もちろん，ピタゴ

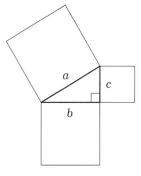

図 2.12　三平方の定理

ラス[*6]によって発見されたといわれていますが，辺の長さが3：4：5のときに直角三角形になることは，その前から知られていたと考えられます．その証拠に，ユークリッドやピタゴラスよりだいぶ昔に，エジプトを中心とした文明が栄え，治水工事やピラミッドなど

[*6]　ピタゴラス（Pythagoras，B.C.569 年ごろ～B.C.500 年ごろ）．ギリシアの数学者．数や図形の研究に業績を上げるとともに，宗教色の強い学派を率い，暴徒に殺されて最期を遂げたと伝えられています．

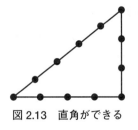

図 2.13 直角ができる

の建造が行なわれたころ，**縄張り師**と呼ばれる測量技師がいて，ループになって 12 等分の目盛をつけたロープを愛用していたのだそうです．そのロープを，図 2.13 のように，3：4：5 の三角形にぴんと張れば

$$5^2 = 4^2 + 3^2 \tag{2.15}$$

ですから，直角三角形になって「直角」が作れるなど，さまざまに利用されていたらしいと伝えられています．だから，式 (2.14) で示される直角三角形の一般的な法則には気がついていないとしても，3：4：5 が直角を作り出すことは，古くから知られていたと考えられます．

式 (2.14) で示される三平方の定理は，*a, b, c* が必ずしも整数である必要はないのですが，整数だけの組合せについても

(3, 4, 5)，(5, 12, 13)，(7, 24, 25)

(8, 15, 17)，(9, 40, 41)，(11, 60, 61)

など，いくらでもあり，これらの数の組合せは**ピタゴラス数**と呼ばれています[*7]．このうち (5, 12, 13) などは，意外に古くから気がついていたのではないかとも言われています．

では，三平方の定理を証明しておきましょう．この証明には古く

[*7] *m* と *n* が互いに素な整数で，1 つが偶数で 1 つが奇数のとき
$$m^2 - n^2, \ 2mn, \ m^2 + n^2$$
の 3 つの値が**ピタゴラス数**になります．なお
$$x^2 + y^2 = z^2$$
の形の式を**ピタゴラスの方程式**ということもあります．

から多くの数学者たちが挑戦し，すでに 200 種を超える証明法が発表されていますが，ここでは，その中から 2 つの証明をご紹介しようと思います．

その第一には，ぜひともユークリッド先生が『原論』の中に示している証明を採り上げなければ，「幾何」に対する義理が立ちません．ちょっとめんどうですが，図 2.14 を見ながら筋を追ってください．

∠A が直角である△ ABC の 3 辺の上に□ ABFE，□ ACGH，□ BCJI を描きます(□は正方形)．また，A から BI に平行な直線を引き，BC との交点を K，IJ との交点を L としておきましょう．このとき，まず

$$\triangle \mathrm{BFC} \equiv \triangle \mathrm{BAI} \qquad (\equiv \text{は合同}) \tag{2.16}$$

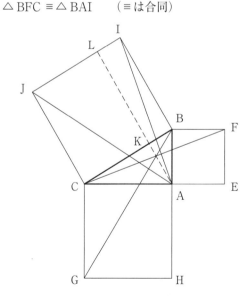

図 2.14　三平方の定理(幾何！)

です。なぜなら，BF = BA，BC = BI の 2 辺どうしが等しいし，その 2 辺に挟まれる ∠FBC と ∠ABI は，ともに直角に ∠ABC を加えたもので，相等しいからです。

つぎに，∠BAC + ∠BAE = 2∠R なので，BF ∥ CE（∥ は平行）です。それで，図形の面積についてみれば。

$$\Box \text{BFEA} = 2\triangle \text{BFC} \qquad (2.17)^{*8}$$

となります。同じように，B ∥ AL なので

$$\Box \text{BILK} = 2\triangle \text{BIA} \quad (\Box \text{は長方形}) \qquad (2.18)$$

ですから，式(2.16)，式(2.17)，式(2.18)によって

$$\Box \text{BFEA} = \Box \text{BILK} \qquad (2.19)$$

であることがわかります。

つづいて，同様に

$$\triangle \text{CGB} \equiv \triangle \text{CAJ} \qquad (2.20)$$

であることに着目すると

$$\Box \text{CAHG} = \Box \text{CJLK} \qquad (2.21)$$

がわかります。そこで，式(2.19)と式(2.21)を加え合わせてみてください。

$$\Box \text{BFEA} + \Box \text{CAHG} = \Box \text{BILK} + \Box \text{CJLK} \qquad (2.22)$$

ところが，この右辺は □ BIJC そのものですから

$$\Box \text{BFEA} + \Box \text{CAHG} = \Box \text{BIJC} \qquad (2.23)$$

となって，三平方の定理の証明が完了しました。

---

*8 △BFC の面積は，底辺 BF に，高さ FE を掛けたものの 1/2 だからです。『原論』では三平方の定理より前に「平行四辺形が三角形と同じ底辺をもち，かつ同じ平行線の間にあれば，平行四辺形は三角形の 2 倍」であることを証明しています。

この証明は決してむずかしくはないのですが，△BFC などという文字を頼りに図形を追わなければならないので，目はちらちら，頭はいらいらしてきます．できれば図に着色しておいて，「赤い三角形と青い三角形は合同……．なぜなら……」というようにご説明できるといいのですが，印刷の都合でそうもいかないので，各自で図に色を塗りながら筋を追っていただけば理解しやすいのではないかと，勝手なことを思っています．

お約束にしたがって，もう1つの証明法をご紹介しましょう．こんどは，代数のお世話になるところが癪の種ですが，簡単明瞭であるところが取り得です．

図 2.15 をごらんください．全体の面積は a^2 ですが，この面積は底辺が b で高さが c の三角形が4つと，1辺が $b - c$ の正方形が1つで構成されています．したがって

$$a^2 = 4 \times \frac{1}{2}bc + (b - c)^2 = b^2 + c^2 \tag{2.24}$$

となり，いっぱつで証明終りです．

この証明には，12世紀にインドの数学者バスカラ先生が，文字の書き込みのない図のみを示して「見よ」とだけ付記したという逸話が残されています．入学試験にでも出題したら，おもしろいかもしれません．

最後に三平方の定理の逆「三角形の1辺の平方が他の2辺の平方和に等しければ，この三角形は直角三角

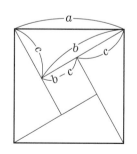

図 2.15　三平方の定理 (見よ!)

42

形である」のほうも証明しておきましょう．△ABC において BC^2 = AB^2 + AC^2 なら，∠A が直角であることを証明しようと思います．

まず，A′B′ = AB，A′C′ = AC，∠A′ = ∠R(直角)であるような△A′B′C′を作れば，三平方の定理によって

$$B'C'^2 = A'B'^2 + A'C'^2 = AB^2 + AC^2 = BC^2 \quad (2.25)$$

故に　B′C′ = BC　　　　　　　　　　　　　　　　(2.26)

そうすると，△A′B′C′と△ABC は 3 辺が等しいから合同です．したがって

$$\angle A = \angle A' = \angle R \quad (2.27)$$

これで証明終りです．なんとなく「ロバの橋」に似た雰囲気ですね．

三平方の定理(私は，ピタゴラスの定理と呼ぶほうが好きですが)には，これから先も各所でお世話になりますが，最後の最後に応用例を楽しんでいただいて，とりあえず，ピタゴラスの定理の節を閉じようと思います．

[例題]　忍者が堀の深さを見破りたいときには，水底から伸びて水面上に少し頭を出している葦を利用したといわれます．葦の先端をつまんで横に動かし，先端が水没するまでの移動距離を目測すれば，堀の水深がわかるというのです．その理由を説明してください

[解答]　図 2.16 のように，水面上に l だけ頭を出している葦の先端を横に d だけ動かしたとき，水面すれすれになったとしましょう．そうすると三平方の定理によって

$$x^2 + d^2 = (x + l)^2 \quad (2.28)$$

が成り立ちますから，この式から x を求めると

$$x = \frac{d^2 - l^2}{2l} \qquad (2.29)$$

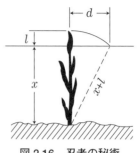

図 2.16　忍者の秘術

となって，l と d を知れば x が求まるはずです．しかし，いくら頭のいい忍者でも，敵前でこのような暗算をやらされてはたまりません．そこで，l がなるべく短い葦を使うことにします．そうすると，l^2 は相対的に d^2 よりずっと小さくなりますから，分子の l^2 を省略しても誤差は僅かです．そこで，式(2.29)を

$$x \fallingdotseq \frac{d^2}{2l} \qquad (2.30)$$

としましょう．これなら実用的です．かりに，水面上に 5cm だけ頭を出していた葦の先端を横へ 60cm 移動させたとき水面すれすれになったとすれば，水深は

$$x \fallingdotseq \frac{60^2}{2 \times 5} = \frac{3600}{10} = 360\text{cm} \qquad (2.31)$$

と判明します．

三角形を彩る 3 本の線

「3」は安定感に富む数字です．2 本足のテーブルは転がるけれど，3 本足のテーブルは安定して立っています．写真撮影の三脚のように，です．だから，すもうの三役そろい踏み，応接三点セット，三原色，ジャンケンポンの三すくみ，日本や旧ロシア王朝の三種の神

器などなど，いたるところに三が顔を効かせています．

そこで，この節では三角形を彩る3本の線の話をしようと思います．三角形の頂点を通って対辺に交わる直線は無数にありますが，その中で，きわだった特徴をもつ直線が3本あります．図2.17の

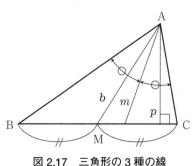

ように，対辺を2等分する点 M へ向かう**中線** b と，対辺に垂直に下りる**垂線** p と，頂角を2等分する**角の二等分線** m です．なお，図には3つの角とも鋭角の三角形が描いてありますが，1つの角が鈍角でも同じで

図2.17　三角形の3種の線

す．ただし，「対辺」を「対辺あるいはその延長線」と読み代えてください．では，3種の線と三角形のかかわりを見ていきましょう．

(1)　**中線**　中線にまつわる定理としては，つぎの**パップスの定理**(中線定理)が知られています．

$$AB^2 + AC^2 = 2(AM^2 + BM^2) \tag{2.32}$$

この式のままで使うことも少なくありませんが，

$$BM = \frac{1}{2}BC \tag{2.33}$$

の関係を入れて整理し

$$AM^2 = \frac{1}{2}\left(AB^2 + AC^2 - \frac{1}{2}BC^2\right) \tag{2.34}$$

としておくと，中線の長さを求めるのに便利です．たとえば，図

2.17 の三角形で 3 辺の長さが

$$AB = 5, \quad BC = 6, \quad AC = 4$$

であるなら，中線 AM の長さは

$$AM^2 = \frac{1}{2}(5^2 + 4^2 - \frac{1}{2} \times 6^2)$$

$$\therefore \quad AM = \sqrt{11.5}$$

というぐあいに簡単に求まります.

　パップスの定理を証明するのも容易です. 辺 AB の長さを AB ……というように書くほうが，いかにも幾何の証明らしく見えるのですが，ここでは目の疲労を防ぐために，図 2.18 のように長さを表わしましょう. 角 A の対辺 BC の長さを a とするのがふつうですが，ここでは $2a$ としていることにご注意ください. そうすると，△ ABD, △ ACD, △ AMD がいずれも直角三角形であることから，三平方の定理によって

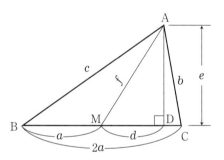

図 2.18　パップスの定理の証明

$$c^2 = e^2 + (a + d)^2 \qquad\qquad ①$$

$$b^2 = e^2 + (a - d)^2 \qquad\qquad ②$$

$$f^2 = e^2 + d^2 \qquad\qquad\qquad ③$$

③から求めた $e^2 = f^2 - d^2$ を①と②に代入すれば

$$c^2 = f^2 - d^2 + (a + d)^2 = f^2 + a^2 + 2ad$$

$$b^2 = f^2 - d^2 + (a - d)^2 = f^2 + a^2 - 2ad$$

この両式を辺々あい加えれば

$$c^2 + b^2 = 2(f^2 + a^2) \tag{④}$$

となり，これはパップスの定理の式(2.32)そのものです．

　なお，①，②，③の3式は6つの文字による恒等式ですから，その中の3文字に数値を与えれば，残りの3文字の値が決まります．たとえば，3辺の長さ $2a$, b, c を与えれば d と e と f が決まるし，また，1辺の長さ $2a$ のほかに e と f を与えると残りの b, c, d が決まるというように，です．パップスの定理も重要ですが，この事実も注目に価するでしょう[*9]．

　(2)　**垂線**　図2.18を再利用いたします．こんどは垂線のほうに注目し，AB ＞ AC として

$$AB^2 - AC^2 = BD^2 - CD^2 = 2BC \cdot MD \tag{2.35}$$

を**垂線の定理**と呼んでいます．小文字のほうで書けば

$$c^2 - b^2 = (a + d)^2 - (a - d)^2 = 2 \cdot 2ad \tag{⑤}$$

ということですが，この式は①から②を引いたものに過ぎませんから，私たちにとっては，すでに消化ずみの話題です．

　ここで，ちょっとおもしろいのは，中線と垂線が直角三角形の直角の頂点からスタートしている場合です，図2.19をごらんください．まず気がつくのは，△ABC と△DBA と△DAC とが互いに**相似**だということです．その理由は，角の大きさに注意してみれば理解できます．たとえば，△ABC と△ABD についてみると，∠ABC は共有しているし，また，∠BAC と∠ADB はとも

に∠Rですから，「三角形
の内角の和は2∠R」の
定理によって∠BAD =
∠ACB に決まっていま
す．したがって，この2つ
の三角形は3つの角どうし
が等しいので相似です．他
の三角形どうしも同様です
から，確かめてみてくださ
い．

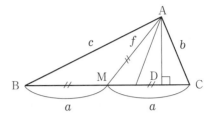

図 2.19　直角三角形のときは

　もうひとつおもしろいの
は，△ABM は AM = BM
の二等辺三角形，また，
△ AMC は AM = MC の

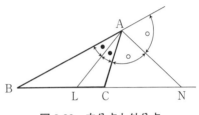

図 2.20　内分点と外分点

二等辺三角形になっていることでしょう．そこで，クイズです．

　[クイズ]　∠BAC が直角のときに，△ ABM と△ AMC が二等
辺三角形になることを証明してください．答えは，48 ページの脚
注にあります[*10]．

　(3)　**角の二等分線**　頂角を2等分する二等分線は，三角形にか
らむ比と深い関連を持ちます．図 2.20 をごらんください．△ ABC
の頂角（内角）を2等分する直線が，対辺 BC と交わる点Lを辺 BC
の**内分点**といい，また，頂角の外角の二等分線が，対辺 BC の延長
線と交わる点Nを辺 BC の**外分点**といいます．このとき

$$AB : AC = BL : LC = BN : NC \tag{2.36}$$

が成立します[*11]．この性質は，第6章でも活躍することを予告して

おきましょう.

応用例を1つだけ見ていただきましょうか. 図2.21のように,

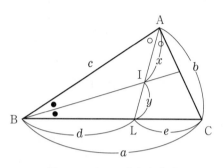

図2.21　ちょっとした応用

∠Aの二等分線と∠Bの二等分線の交点をIとします, 実は, ∠Cの二等分線もI点を通り, I点は**内心**(51ページ)と呼ばれる重要な点なのですが, ここでは, AI:IL の比を求めることにします. つまり, I点が AL を内分する比[*11] を求めてみようと思うのです.

眼精疲労を予防するために, 主として小文字のほうを使いながら話をすすめます. まず, △ABC から式(2.36)によって

$$BL : LC = AB : AC \quad すなわち \quad d : e = c : b$$

[*10]　[47ページのクイズの答] 47ページの図2.19の直角三角形では, 三平方の定理によって

$$c^2 + b^2 = (2a)^2 = 4a^2$$

いっぽう, パップスの定理を表わす46ページの式④は

$$c^2 + b^2 = 2(f^2 + a^2)$$

この2つの式を見較べれば, $f = a$ でなければなりませんから, △ABM と△AMC はともに二等辺三角形です.

[*11]　一般に, 点Lが線分 BC の内部にあって, BL:LC = k であるとき, L は BC を k という**比**に**内分**するといいます. また, N が BC の延長線上にあって, BN:NC = k であるとき, N は BC を k という**比**に**外分**するといいます. ただし, $k = 1$ の外分点はありません.

これは $\dfrac{d}{e} = \dfrac{c}{b}$ のことですし，また，$e = a - d$ ですから

$$d = \frac{c}{b}\,e = \frac{c}{b}(a - d)$$

$$\therefore \quad d = \frac{ac}{b + c} \tag{2.37}$$

いっぽう，△BAL のほうから

$$x : y = c : d \tag{2.38}$$

したがって，式(2.38)と式(2.37)によって

$$x : y = c : \frac{ac}{b + c} (= \mathrm{AI} : \mathrm{IL}) \tag{2.39}$$

となって，角 A の二等分線 AL の内分比が求まりました．

三角形の5つの心

　この節の表題は「5つのココロ」と読まないで「5つのシン」と読んでください．三角形の5心とは**重心，垂心，内心，外心，傍心**のことです．では，ひとつずつご紹介していきましょう．

　(1) **重心**　　三角形の3つの頂点からそれぞれ中線を引くと．3本の中線は1点で交わります．この点が重心です．この重心は物理学でいう重心とも一致します．すなわち，この三角形が等厚で均質な板ならば，重心で釣り下げれば水平を保つし，また3つの頂点にだけおもりを置いた場合でも，水平を保つというわけです．

　ところで3本の中線は，なぜ1点で交わるといえるのでしょうか．交わることの証明は，つぎのとおりです．途中で平行四辺形の性質

を利用しますが，この点については 86 ページで明らかにしますので，お許しいただきたいと思います.

図 2.22 において，B からの中線 BE と，C からの中線 CF の交点を G とします．A から G 点を通る直線を引き，AG = GH になるような H 点を決めてください．そうすると

$$AF = FB \quad で \quad AG = GH \tag{2.40}$$

故に $\quad FG \parallel BH \quad つまり \quad GC \parallel BH \tag{2.41}$

また $\quad AE = EC \quad で \quad AG = GH \tag{2.42}$

故に $\quad EG \parallel CH \quad つまり \quad GB \parallel CH \tag{2.43}$

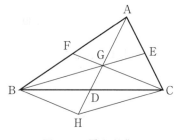

図 2.22　重心を求む

したがって，四角形 BGCH は 2 組の対辺が平行なので，平行四辺形です．平行四辺形では，対角線 GH と BC が互いに相手を 2 等分しますから，BD = DC であり，D は BC の中点です．そうすると，A から G を通って D に至る直線 AD は，A から引いた中線であったことが明らかではありませんか.

［**クイズ**］ 重心 G は中線を 2 : 1 に分割します．たとえば，AG : GD = 2:1 のようにです．これを証明してください．答えは 52 ページの脚注にありますが，簡単ですから図 2.22 をにらんで考えてみていただけませんか[*12].

（2）**外心**　　前の節で中線，垂線，角の二等分線と並べた順序に義理を立てるなら，こんどは垂心の番なのですが，証明の都合があるので垂心はあと回しにして，外心を取り上げることをご了承く

ださい.

　まず, 図 2.23 の△ ABC の辺
AB の中点から垂線を立て, 辺
AC の中点から立てた垂線との
交点を O とします. そうする
と, O は AB の垂直二等分線上
にありますから OA = OB で
す. 同様の理由によって OA
= OC でもあります, したがっ

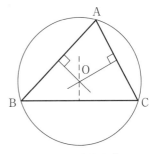

図 2.23　外心を求む

て, OB = OC です. それなら, O は辺 BC の垂直二等分線上にも
あるはずですから, 3 つの辺の垂直二等分線は 1 点で交わることが
わかります. この点を外心と名付けています, また, 以上のことか
ら

$$OA = OB = OC \tag{2.44}$$

なので, O を中心にして半径 OA の円を描くと, その円は△ ABC
に外接します. これが**外接円**で, 外心の名の由来でもあります.

　(3)　**内心**　　図 2.24 の△ABC において, 角 B の二等分線と角
C の二等分線の交点を I としましょう. それなら角の二等分線の性

質によって. I から辺 BA と辺
BC に下ろす垂線の長さは等し
いし, また, I から辺 BC と辺
AC に下ろす垂線の長さも等し
いはずです. それは, I から辺
AB と辺 AC へ下ろす垂線の長
さが等しいことを意味するか

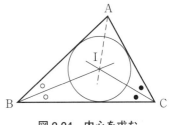

図 2.24　内心を求む

らです．したがって，3本の二等分線はIで交わることが明らかです．そして，Iから3辺への垂線の長さはみな同じですから，Iは△ABCに内接する円，すなわち**内接円**の中心です．だから，内心と名付けられているわけです．

（4）**傍心**　こんどは，図2.25を見ていただきましょう．点Oで3本の直線が交わっています．1本は角Aの二等分線，他の1本は外角CBDの二等分線，残りの1本は外角BCEの二等分線です．

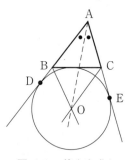

図2.25　傍心を求む

これら3本の二等分線が1点で交わることは，内心の場合と同様に証明できます．この交点Oを△ABCの**傍心**といいます．そして傍心を中心にすれば，内接円のときと同じ理屈で，辺BCとABの延長線とACの延長線に同時に接する円を描くことができ，これを**傍接円**といいます．

　なお，1つの三角形には3つの傍接円があり，それらの中心を直線で結んでできる三角形を**傍心三角形**と呼んだりもします．

（5）**垂心**　図2.26のように，△ABCの外側に接して，AB∥ED, BC∥FE, CA∥DFとなるような△DEFを考えてください．そうすると，四角形ACBFも四角形ABCEも平行四辺形ですから

$$AF = BC = AE \tag{2.45}$$

---

* 12　[50ページのクイズの答]　図2.22の△ACHにおいて，AE = EC, GE∥HCだからAG = GH．いっぽう，四角形BGCHは平行四辺形だからGD = DH = 1/2GH，故に，AG = 2GD．他の中線についても同様です．

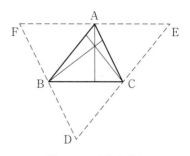

図 2.26　垂心を求む

です. それなら, A から対辺 BC へ下りる垂線は, △ DEF の辺 EF の垂直二等分線ではありませんか. 同様に, B から AC への垂線は, DF の垂直二等分線, また, C から AB への垂線は, DE の垂直二等分線です. ここで, 外心を求めた図 2.23 を思い出してください. 三角形の 3 辺から立ち上がる 3 本の垂直二等分線は, 1 点で交わるのでした. だから, 私たちの 3 本の垂直二等分線も, 1 点で交わるにちがいありません. その点を△ ABC の垂心と名付けています.

　以上で, 三角形の 5 つの心のご紹介を終ります. ここで特徴的だったのは, 5 つの心のすべてが 3 本の直線の交点であったことでしょう. 3 本の直線が偶然に 1 点で交わるなどということは確率的には皆無に等しい現象なのに, それがつぎつぎと起こるところに, 図形の不思議さや美しさをかいま見る思いではありませんか.

　このように, 3 本以上の直線や曲線が 1 点で交わる性質を, 点を共有するという意味で**共点**といいます. これから先も各所で遭遇しますので, 楽しみにお待ちください.

　[**例題**]　三角形の内心は, 3 つの傍心で作る三角形(傍心三角形)の垂心であることを証明してください.

　[**解答**]　この章の末尾を飾るのにふさわしい問題だと思いません

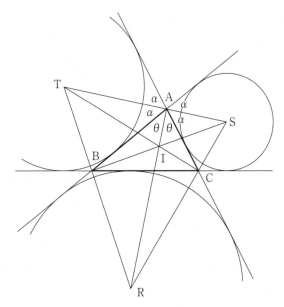

図 2.27　ややこしそうで，ややこしくない

か．ところが，その割にはむずかしくありません．図 2.27 をごらんください．

　△ABC に外接する 3 つの円の中心を R, S, T とし，それらを結ぶ△RST が描いてあるように見えますが，そうではありません．A 点付近を代表として取り上げるなら，S と T を結んだのではなく，S と A を結び，かつ，T と A を結んだのにすぎないのです．S と T を結ぶ直線が A 点を通るという保証はないのですから[*13]．

　では，A の周囲の角度に注目しましょう．A から傍心 R に向かう直線は角 A の二等分線ですから，2 等分された角の大きさを θ としましょう．また，A から傍心 T に向かう直線は外角の二等分

線ですから，2 等分された角の大きさを α とします．2 つの外角は対頂角どうしで同じ大きさですから，S に向かう直線で 2 等分された角の大きさも α です．そうすると，A の周囲の 360° については

$$2\theta + 2\alpha + 2\theta + 2\alpha = 4\theta + 4\alpha = 4\angle R$$

　したがって　$2\theta + 2\alpha = 2\angle R$　　　故に　SAT は直線

　また　　　　　　$\theta + \alpha = \angle R$　　　　故に　RA は ST への垂線

同様なことは，B や C の周囲でも成立します．それなら，3 本の直線 AR，BS，CT の共点 I は，△RST の垂心であると同時に△ABC の内心でもあります．

　いかがでしょうか．内心と傍心と垂心の三つ巴の絡み合いを，おもしろいと思っていただけたでしょうか．

---

* 13　図 2.27 で，SA と AT が連続した 1 本の直線に見えるように描いた図が，証明へのヒントを与えてくれることも少なくありません．その代り描いた図に誤差があると，それにミス・リードされて思考の迷路にはいり込んでしまうこともありますから，注意を要します．

3. 合同から相似へ

—— 究極の幾何への登山口 ——

合同，相似，そして……

どこにでもありそうな動物園の一画，金網の中でなん種類もの水鳥がのどかに暮しています．金網の周辺にはハトやスズメなどが飛び回っていますが，気にとめる気配もありません．ところが，ツバメが近くを横切ると，水鳥たちはパニックを起こして大騒動になることがあるのだそうです．なぜ，図体の大きなガチョウやガンまで

水鳥は相似人でパニック

もが小さなツバメを恐れるのだろうかと，いろいろな実験をして調べてみた結果が，つぎのように報告されています[1]．

ハヤブサは，ものすごい速さで急降下して水鳥を捕えるので，水鳥に

＊1　NHK情報科学講座『生物と情報』，桑原萬寿太郎著，日本放送出版協会，1968.

とっては恐ろしい天敵です．その姿を見ただけでパニックを起こす
そうです．しかし，ツバメとハヤブサの大きさはまるでちがいま
す．これは，飛んでいるときの姿がともにイラストのような形をし
ているので，水鳥たちはツバメに対しても恐怖を感じるのだろうと
いうのが理由のようです．

　考えてみれば，ハヤブサが高空を飛んでいるときは小さく，近づ
けば大きく見えるのですから，大きさにはあまり関心がなく，その
形に決定的な意味を見出すのは当然なことでしょう．こうしてみる
と，水鳥たちは図形の相似を認識する能力を備えていると考えられ
ます．

　ただし，水鳥たちは同じ図形を逆の方向へ動かしたときには，な
んの反応も示さないそうです．逆の方向へ動いている図形は，首の
長いツルみたいなので，水鳥たちの恐怖心に火をつけないのでしょ
う．だから，水鳥たちにとっての相似の概念には，図形の方向性も
加味されているようです．

　水鳥でさえ認識している相似の概念を，万物の霊長たるヒトが知
らないでは，すまされません．そこでこの章は，相似と，相似の一
部である合同について紙面を割くことにしましょう．

　まず，24ページに書いたように，2つの図形を運動によって重
ね合わせることができるとき，その2つの図形は**合同**であるという
のでした．また，いっぽうの図形を均等に縮小または拡大して他
方の図形と合同にできるとき，これらの2つの図形は**相似**であると
いいます．この場合，「縮小や拡大する」の中に「どちらもしない」
を含めるのがふつうですから[*2]，合同は相似の中に含まれると考え
ます．このようなとき，相似は合同の上位概念であり，合同は相似

の下位概念であるといいます．ちょうど，ヒトは哺乳類の下位概念であるように，です．

　幾何の本の中で，なぜこのような話を始めたのかというと，つぎのとおりです．合同は，図形の形と大きさのすべてを拘束する概念です．そして，その中の大きさについての拘束を解いて，形は変ってはいけないが大きさは異なってもいいとすれば，一段と汎用性のある上位概念としての相似が生まれます．では，もう一段，拘束をゆるめたら，どのような概念が生じるでしょうか．

　これは，ゆるめ方によります．ゆるめ方にはいろいろな手が考えられます．そのひとつとして，点と線のつながり方だけは変ってはいけないが，その他はどのように変っても同じと考えてみてください．そうすると，正三角形と直角三角形は同じ仲間であることはもちろんですが，四角形も円も，かたかなのロもローマ字のDも，みな同じ仲間の図形です．なぜって，点は「部分を持たないもの（12ページ）」ですから，三角形の3つの頂点も，ロの4つの角も，円周上の任意の点も，すべて「1本の線が入ってきて1本の線が出ていく位置」にすぎないので，区別する必要はないのです．なぜなら，どの図形も，1つの閉領域を巡ってひと回りする1本の線にすぎないからです．

　このように，拘束をゆるめて三角形も円もDも同じ仲間とみなす概念を**同相**といいます．したがって，同相は相似よりもさらに上位の概念です．そして，同相の概念に立脚した幾何学も構築されていて，その実用価値は高く評価されています．このような幾何を**位相**

＊2　5ページの脚注と同じ思想です．

幾何学(トポロジー)といい，第9章で少しご紹介させていただく予定です．

いっぽう，相似からの拘束のゆるめ方を，直線は直線のままでなければいけないけれど，長さという概念は無視してもいい，としたらどうなるでしょうか．三角形はすべて同じ仲間で区別がつかなくなります．また，平行は保たれる必要があるので平行四辺形は太っても痩せてもひしやげてもいいけれど，平行四辺形でなければならず，他の四角形とは別の仲間です．こういう概念の下で成立する幾何が，**アフィン幾何学**(第11章でご紹介)と呼ばれるものです．

このようにして，合同から相似へと概念を変えていくその先に，つぎつぎに新しい概念に基づく幾何が待っているわけです．こうして，すべての幾何を包含して最頂点に立つ幾何は，いったいどのようなものなのでしょうか．

まず，合同のおさらい

合同[*3]は，前節で述べたことからわかるように．相似の最たるもので，拘束条件が多いだけに単純明解です．だから，ずいぶん昔から合同は実用に供されてきました．

ピタゴラスの師であったといわれるタレス先生[*4]が，図3.1のよ

[*3] 数学で使われる「合同」には，図形の合同のほかに，整数論における合同があります，2つの整数 a と b があり，$a - b$ が m で割り切れるとき，a と b は m を法として**合同**であるといい，$a \equiv b \pmod{m}$ と書くのです．

[*4] ミトレスのタレス(THALES of MILETUS：B.C.624年ごろ～546年ごろ)は，ギリシアの哲学，天文学，数学などの学者で，エジプトから実用的な知識を学び，それらからギリシア数学の基礎を築いたといわれています．

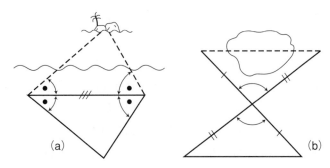

図 3.1 紀元前から利用されていた

うに三角形の合同を利用して，海上に浮かぶ小島までの距離や，池をはさんだ2点間の距離を測ったというのは有名な話です．ここでは，このような先人たちの知恵を反すうしていこうと思います．

1. 点は，すべて合同です．点には大きさも形もないので，いっぽうの点を移動させるだけで，どの2つの点どうしも重ね合わせることができるからです．

2. 直線も，すべて合同です．こんどは平行移動だけでは重なり合うとは限りませんが，回転と移動を組み合わせれば重ね合わすことができることは，直感的にも同意できるでしょう．

3. 線分は，長さが等しければ合同です．回転と移動だけで重ね合わすことができます．合同な線分は，**等しい線分**といわれます．

4. 角は，角度の大きさが等しければ合同です．角を示すには2本の線分を使うのがふつうですが，それは角を表示する手段にすぎず，長さなどは無視できるからです．合同な角は，**等しい角**といわれます．

5. 円は，半径が等しければ合同です．移動だけで重なり合うこ

とはいうに及びません．合同な円は，**等しい円**といわれます．

6. 三角形は，急にややこしくなります．すでに，21 ページで**三角形の決定条件**としてご紹介したように

(1) 3つの辺の長さ

(2) 2つの辺の長さと，その間の角の大きさ

(3) 1つの辺の長さと，その両端の角の大きさ

のいずれかを与えれば三角形の形も大きさも決まってしまいます．形と大きさが同じなら，それらは重ね合わすことができますから，合同な三角形です．

したがって，2つの三角形が合同であるためには，上記の3条件のうちの1つが互いに等しければ十分です．なお，いっぽうの三角形を裏返せば重なり合うような場合も合同とみなし，裏返しを強調する必要があれば**裏返し合同**と呼ぶことは，すでに24ページの脚注で触れたとおりです．

また，前記の3条件が等しい場合のほか

(4) 「2つの角の大きさと，それらには挟まれない1つの辺の長さ」が等しい三角形どうしも合同になります．実をいうと，たとえば，辺 AB と辺 AC の間の角 α と，辺 AB と辺 BC の間の角 β と，

辺 AC の長さが与えられた場合でも，図 3.2 のように作図を進めれば，三角形が決まります．まず，AC の線分を引くとともに，C の方向に伸ばしておきましょう．つぎに，AC と α の角度を作る AB′ も

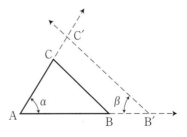

図 3.2　これでも三角形が決まる

適当な長さに引いておきます．そして，AB′とβの角を作るように
B′C′を引きます．最後にCを通ってB′C′と平行な直線CBを引
けば，三角形ABCのでき上りです．

　この作図は26ページあたりの「幾何の精神」にのっとって行なっ
ています．その結果，ちゃんと三角形が決まるのですから，(4)が
三角形の決定条件に追加されても，おかしくはありません．しか
し，三角形の3つの内角の和が2直角であることは幾何学の基本中
の基本ですから(31ページ)．2つの角が与えられたとき，3つめの
角の大きさを作図で求めることは容易です．それなら，ややめんど
うな(4)の条件を，それよりは簡単な(3)の条件で代替してしまえば
いいではないか，というわけで．ふつうは三角形の決定条件を前
ページの(1)，(2)，(3)だけとしているのです．

　(5)　「直角三角形の場合には，斜辺と他の1辺の長さ」が等しい

三角形の合同条件について

　角をA(angle)，辺をS(side)とすれば，与えられるAとSの位
置関係には，SSS(3辺)，SAS(2辺夾角)，SSA(2辺1対角)，SAA(2
角1対辺)，ASA(2角夾辺)，AAA(3角)の6種類が生じます．
これらのうち

SSS		
SAS	は合同	
SAA		
ASA		

SSA		
	は合同とは限らない	
AAA		

　ただし，SSAのAが直角，つまり，SSRなら合同です．

　これらの記号を利用して，たとえば「2辺とその間の角が等し
いので合同」を，**SAS合同**というように略称したりします．

三角形どうしも合同です．24ページの［問題］のように，一般の三角形では図2.4のようなことが起こり得るので，必ずしも三角形が決定されるとはいい切れませんでしたが，直角三角形ならその心配はなく，必ず三角形が決まるからです．

7. 四角形および多角形のように点と直線だけで構成される図形の合同条件については，つぎのように考えてください．なんといっても，直線の組合せで作られている図形の基礎は三角形です．だから，図形をいくつかの三角形に分割したうえで，それらの三角形どうしが合同な2つの図形は，互いに合同であると判定することにしましょう．

たとえば，4つの辺の長さを与えただけでは四角形は決まりません．電車のパンタグラフのように，ぺちゃんこに潰れたり，伸び上がったりしてしまいます．しかし，それに1本の対角線を入れてやると，四角形はぴたりと決まります．対角線によって，3つの辺を与えられた2つの三角形が決まってしまうからです．したがって，「4つの辺と1つの対角線の長さ」は四角形の決定条件の1つであり，同じ決定条件によって作られた四角形どうしは合同になります．

あとの細部はつぎの章を見ていただくこととして，ここでは，三角形の合同を利用するクイズを解いていただきましょう．

［**クイズ—その1**］ 60ページの図3.1に，(a)沖に浮かぶ小島までの距離と，(b)池を挟んだ2点間の距離を，三角形の合同を利用して測る方法を描いてあります．それぞれ，三角形の決定条件(1)，(2)，(3)のうちの，どれを拠り所としているでしょうか．

［**クイズ—その2**］ 図3.3のように．長方形ABCD（AB＞AD）において，まず，AとCを結びます．つづいて，Cを中心として

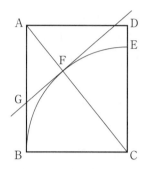

図 3.3　簡単な問題をおひと
　　　　ついかが

半径 BC の円の一部を描き，AC と
の交点を F とします．ここで，1 つ
めの問題です．点 F において円弧に
接線を引く手順を説明してくださ
い．もちろん，作図の作法に従って
です．

　つぎに，2 つめの問題です．接線
と AB との交点を G とすると

　　　△ BCG ≡ △ FCG

　　（≡ は合同を表わす）

であることを証明してください．

　いずれも易しいクイズなので答えは差し上げませんが，接線の引
き方がわからない方は 28 ページの図 2.5(6) を参考にしてください．

相似への誘い

　沖の小島までの距離や池を挟んだ 2 点間の距離を，合同の性質を
利用して測ったタレス先生は，また，ピラミッドの高さを測定した

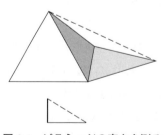

図 3.4　ピラミッドの高さを測る

ことでも知られています．ただ
し，ピラミッドの高さは合同では
測れないので，図 3.4 のように．
相似の性質を使って影の長さから
算出したといわれています．

　前にも書いたように，相似は合
同の上位概念です．そして，上位

概念は下位概念よりは遅れて誕生するのがふつうです．その証拠に，ヒトやイヌの概念より先に哺乳類という概念が存在したとは思えないではありませんか．きっと，タレス先生も合同の利用よりは遅れて相似の利用を考案したのでしょう．

この章の初めのほうに，いっぽうの図形を均等に縮小または拡大して他方の図形と合同にできるとき，これらの2つの図形は相似である，と書きました．日常的な会話ならこれで十分ですが，正確さをモットーとする数学の表現としては，少しあいまいに過ぎます．「均等に縮小または拡大」というけれど，なにを「均等に」なのでしょうか．長さでしょうか，面積でしょうか，角度でしょうか，曲率（曲がりの強さ）でしょうか．

そこを明確にするために，図3.5をごらんください．元の三角形ABCがあるとしましょう．任意の点Oを決め，OA，OB，OCの線上，または，その延長線上に

$$\frac{OA'}{OA} = \frac{OB'}{OB} = \frac{OC'}{OC} \qquad (= k_1) \tag{3.1}$$

になるような A′，B′，C′をとると

$$\triangle\,A'B'C' \infty \triangle\,ABC \qquad (\infty は相似) \tag{3.2}$$

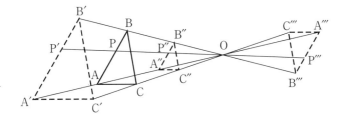

図3.5 相似の位置

が成立します.図 3.5 では,△ABC が均等に拡大していることを示しています.

同じように

$$\frac{OA''}{OA} = \frac{OB''}{OB} = \frac{OC''}{OC} \qquad (= k_2) \tag{3.3}$$

になるような A″,B″,C″をとると

$$\triangle A''B''C'' \backsim \triangle ABC \tag{3.4}$$

となり,この場合は△ABC が均等に縮小されていることが図示されています.

さらに,△ABC とは O を挟んで反対の位置に

$$\frac{OA'''}{OA} = \frac{OB'''}{OB} = \frac{OC'''}{OC} \qquad (= k_3) \tag{3.5}$$

であるように A‴,B‴,C‴をとっても

$$\triangle A'''B'''C''' \backsim \triangle ABC \tag{3.6}$$

となっています.この場合,三角形の上下と左右が同時に逆転しているため,裏返しにはなっていないことにご注意ください.そして,元の三角形を含めてすべての三角形が互いに相似,つまり

$$\triangle ABC \backsim \triangle A'B'C' \backsim \triangle A''B''C'' \backsim \triangle A'''B'''C''' \tag{3.7}$$

であることも確認していただきたいと思います.

もうひとつ重要なことがあります.図 3.5 では,三角形の頂点どうしを結ぶ細い線と並んで,辺 AB 上の点 P を通り.P′と P と P″と O と P‴を結ぶ線も記入してあります.実は,頂点ばかりでなく図形上のどこに P 点をとっても

$$\frac{OA'}{OA} = \frac{OB'}{OB} = \frac{OC'}{OC} = \frac{OP'}{OP} \qquad (3.1) \text{もどき}$$

が成立しなければなりません. P″やP‴についても同様です. この関係が成立していなければ, AB が直線であっても A′B′ は直線とならないので, 図形 A′B′C′ は三角形とはいえず, もちろん △ABC と相似にはなるはずもありません.

　以上を要約すると, 2つの図形が相似であるための必要で十分な条件は, それらを適当な位置に並べたとき, 図形上のすべての点について図3.6のように

$$\frac{\mathrm{OP_1'}}{\mathrm{OP_1}} = \frac{\mathrm{OP_2'}}{\mathrm{OP_2}} = \frac{\mathrm{OP_3'}}{\mathrm{OP_3}} = \frac{\mathrm{OP_4'}}{\mathrm{OP_4}} \tag{3.8}$$

が成立することなのです.

　そして, この条件が満たされれば, 見た目にも図形は均等に縮小されたり拡大されたりします. その際, 均等に縮小や拡大されるのは長さだけです. 三角形を例にとった図3.5からわかるように. 直線は直線のままで縮小や拡大されるのですから, 三角形の決定条件に照らしてみれば, 角度は変わるはずがありません. また, 多角形の場合も三角形に分割して考えれば同様ですし, 図3.6のように曲線を含む場合も, 曲線は角の数が無限に大きくなった図形の一部とみなせば同様な考え方が成立します. このように長さの変化だけが許されるのが相似という概念の本質なのです.

　ちなみに, 図3.5や図3.6のような図形の位置関係を**相似の位置**と呼びますし, そのときの定点Oを**相似の中心**といいます.

　また. 式(3.1), 式(3.3),

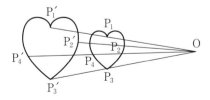

図3.6　相似ということ

式 (3.5) に（　）書き足してあった k_1, k_2, k_3 のような比は，**相似比**と呼ばれます．

　ただし通常の場合，相似な図形がいつも相似の位置に並んでいるとは限りません．もちろんのことですが，相似の位置に並ぶことができる図形どうしでありさえすれば，どこにあろうと，どちらを向

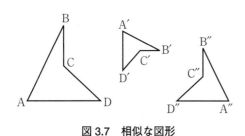

いていようと，いっぽうが裏返しであろうと，相似である資格を失うことはありません．図 3.7 のようにです．

図 3.7　相似な図形

三角形などの相似

　前節では相似の一般論をごみごみと述べてしまいましたので，この節では相似の具体例に移りましょう．

　1. 点はすべて相似です．点はすべて合同であり，合同は相似に含まれるので，合同であれば相似だからです．

　2. 直線もすべて相似です．理由は点の場合と同じです．

　3. 線分もすべて相似です．長さが異なるだけというのは，67ページに書いたように，相似の本質だからです．

　4. 角は，角度の大きさが等しくなければ相似にはなりません．つまり，角については合同と相似は同意義です．

　5. 円はすべて相似です．

　6. 三角形の場合には，三角形の 3 つの決定条件の中で，辺につ

いては同じ比で伸縮することを許し，角については等しいことが相似の条件です．すなわち，2つの三角形について

(1)   3組の辺どうしの比が等しい．

(2)   2組の辺どうしの比と，その間の角が等しい．

(3)   2組の角どうしが等しい．

のいずれかに該当していれば，その2つの三角形どうしは相似です．

7. 四角形およびそれ以上の多角形については，図形をいくつかの三角形に分割したうえで，三角形の相似の条件を適用します．たとえば，四角形の場合には対角線を1本追加して「4組の辺と1組の対角線の比が等しい」などとするようにです．これについては，つぎの章でもお付合いいただくことになるでしょう．

話題が変ります．こんどは三角形の相似を利用して，平行線と比例の関係を見ていただこうと思います．

図3.8のように，△ABCの底辺BCと平行な直線を引き，ABまたはその延長線との交点をD，ACまたはその延長線との交点をEとします．そうすると，

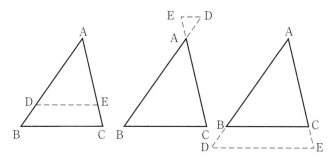

図3.8　平行線と比例

DE ∥ BC ならば

$$\frac{AD}{AB} = \frac{AE}{AC}$$　　　（逆も真）　　　　　　　　　(3.9)

$$\frac{AD}{DB} = \frac{AE}{EC}$$　　　（逆も真）　　　　　　　　　(3.10)

$$\frac{AB}{DB} = \frac{AC}{EC}$$　　　（逆も真）　　　　　　　　　(3.11)

が成立します. また

$$\frac{AD}{AB} = \frac{DE}{BC}$$　　　　　　　　　　　　　　　　(3.12)

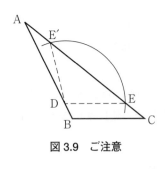

図 3.9　ご注意

も成立するのですが, その逆は必ず しも真ではありません. 図 3.9 のよ うなことが起こり得るからです.

[**クイズ**]　「与えられた角を 3 等 分せよ」というのは, ギリシアの三 大難問のひとつで, いまでは作図で きないことが知られているのでした (30 ページ). では, 「与えられた線 分を 3 等分」してください. もちろん, 定規とコンパスだけを使う 作図の作法に従ってです. 答えは 72 ページの脚注にあります*5.

[**例題**]　対応する 3 組の辺どうしが平行であれば, 2 つの三角形 は相似となることを証明してください.

[**解答**]　2 つの三角形を △ ABC と △ A′B′C′ として, まず, ∠ A と ∠ A′ の付近を調べてみましょう. ∠ A を作る辺 AB と AC, ∠ A′ を作る辺 A′B′ と A′C′ について, 対応する辺どうしが平行に

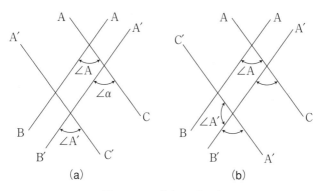

図 3.10 こうなっている

なるような並べ方には，図 3.10 の (a) と (b) の 2 とおりがあります．(a) の場合，∠A と∠α が同位角で等しく，∠α と∠A′ も同位角で等しいので，∠A ＝∠A′ です．(b) の場合は，同位角を追跡すれば，∠A ＋∠A′ ＝ 2∠R であることが明らかです．

∠B と∠B′ および∠C と∠C′ についても同様ですから，結局

$$\left. \begin{array}{l} \angle A = \angle A' \ \text{または} \ \ \angle A + \angle A' = 2\angle R \\ \angle B = \angle B' \ \text{または} \ \ \angle B + \angle B' = 2\angle R \\ \angle C = \angle C' \ \text{または} \ \ \angle C + \angle C' = 2\angle R \end{array} \right\} \quad (3.13)$$

の関係があることになります．

ところが，右側の 3 つの関係が同時に成り立つことはありません．3 つの式を合計すると

$$(\angle A + \angle B + \angle C) + (\angle A' + \angle B' + \angle C') = 6\angle R$$

となってしまいます．2 つの三角形の内角の和が 6 直角というバカなことが，許されるはずがないではありませんか．

また，右側の関係の 2 つが同時に成り立つこともありません．た

とえば，上の2つが成立するとして加え合わせてみると

$$(\angle A + \angle B) + (\angle A' + \angle B') = 4\angle R$$

$$\therefore \quad (2\angle R - \angle C) + (2\angle R - \angle C') = 4\angle R$$

となり，これが成り立つのは，$\angle C = \angle C' = 0$ の場合だけなので，これはもう，三角形ではありません．

こういうわけで，式(3.13)の右側の関係では成立するとしても，1つの式だけに限定されます．したがって，式(3.13)が成立するためには，左側の式のうち，少なくとも2つが同時に成立しなければなりません．それは，$\triangle ABC$ と $\triangle A'B'C'$ において，少なくとも2つの角が等しいことを意味します．よって，この2つの三角形は相似です．

なお，対応する3組の辺どうしが垂直な三角形が相似であることも，同じように証明できますから，気が向いたら確認してみてください．

---

*5 ［70ページのクイズの答］与えられた線分 AB の端から直線を引き，コンパスの開きを一定にして，C_1, C_2, C_3 を刻む．C_3 と B を直線で結ぶ．この直線と平行な直線を C_2 と C_1 から引き，それで線分 AB を切る．この方法によれば，与えられた線分をなん等分することもできます．

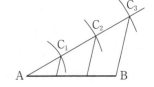

4. 四角形から多角形へ

—— 2つの凹角をもつ五角形を描け ——

四角形の序列

「四角四面」という言葉があります. 非常に真面目なことのたとえですが, しかし, 幾何学的に考えると困ってしまいます. 4つの角と4つの面を持つのは, どんな図形でしょうか. 角をカクと読まずにカドと読むなら, 4つの角と4つの面を持つのは三角錐ですが, どうも本来の意味をシミュレートした図形とは思えません.

ともあれ, この章は四角形で話が始まります. では, 四角形とはなんでしょうか. 要領よく正確に説明してください.

まず, 四角形という名称どおりに「4つの角を持つ図形」と言ったらどうでしょうか. これだけでは説明不足です. たとえば図4.1の(a)のように, 2本の直線が交差しているだけでも4つの角を持った図形が生まれてしまうではありませんか. ちなみに, この直線を限りなく伸ばせば, 平面は4つに分割されてしまい, 文字どおり「四角四面」が誕生し, おやまあ……という感じです.

では, 四角形は**四辺形**とも呼ばれることからヒントを得て,「4つの辺を持つ図形」としたらいかがでしょうか. 辺は日常用語とし

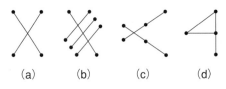

(a)   (b)   (c)   (d)

図 4.1　揚げ足をとられた四角形

ては，「そのあたり」とか「図形の直線の部分」という意味に使われていますから，図 4.1（b）みたいな図形でも「4つの辺を持つ図形」に該当しそうなので，幾何学的な四角形にはほど遠いようです．

　それでは，ていねいに「4つの角と4つの辺を持つ図形」と定義してやればいいではないかと思うのですが，しかし図 4.1（c）のような図形を反証として挙げられて困ってしまいます．まさに，揚げ足とりのような反証で癪にさわりますが，足を揚げるほうも悪いのですから，もうひとくふうしましょう．

　「4つの角と4つの辺と1つの閉じた面積を持つ図形」なら，揚げ足をとられる心配はなかろうと思うのですが，まだダメです．図 4.1（d）の図形を突きつけられると参ってしまいます．

　そこで，絶対にぬかりのないようにと，四角形をつぎのように定義します．「一平面上にあり，どの3点も一直線上にない異なった4点を A，B，C，D とする．4線分 AB，BC，CD，DA のどの2つも，その端点以外に共通点を持たないとき，これらの4線分で囲む図形を四角形という．」あるいは，もう少し簡略にして「どの3点も一直線上にない同一平面上の4点を，順に（ここが少しあいまいですが）線分で結んでできる図形を四角形という．」

　これらの定義は，くどい感じもしますが，正確で紛れがないし，さらに，三角形，五角形，六角形，……それ以上の多角形のすべてに考え方が応用できますので，参考になさってください．なお，こ

の定義を承知したうえで付け加えると，幾何学では「多角形を形成している線分」を**辺**といっています．これを前提とすれば「4つの辺を持つ図形」は図4.1(b)のようにはならないのです．ついでに書いてしまうと，四角形において互いに向かい合っている頂点どうしを**相対する頂点**といい，それらを結んだ線分を**対角線**といいます．また，互いに向かい合っている辺どうしを**相対する辺**といいます．

だんだん四角形の話に深入りしていきます．四角形の定義に従って図を描いてみると，四角形には印象がだいぶ異なる2つのタイプがあることに気がつきます．図4.2(a)

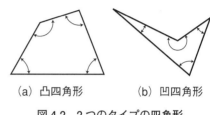

(a) 凸四角形　　(b) 凹四角形

図 4.2　2つのタイプの四角形

のような4つの内角がすべて$2\angle R$より小さいほうが**凸四角形**, b)のような1つの内角だけが$2\angle R$より大きいほうが**凹四角形**と呼ばれることは，ご存知のとおりです．なお，2つ以上の内角がともに$2\angle R$より大きい四角形は，この世には存在しません．理由は，間もなく判明します．

四角形には，正方形，平行四辺形など，馴染みが深い図形がたくさんあります．そこで，これらの関係を整理しておきましょう．

(1)　**台形**　　相対する1組の対辺が平行であるとき，その四角形を台形と呼びます．したがって，台形は四角形に含まれるので，台形は四角形の下位概念，いいかえれば，四角形は台形の上位概念です．さらに，台形は凸四角形からしか生まれませんから，集合論では「AはBを含む」つまり「BはAに含まれる」ことを「A⊃B」

と書くことを思い出すと

$$台形 \subset 凸四角形 \subset 四角形 \qquad (4.1)$$

という関係にあることになります．なお台形の中でも，平行ではないほうの対辺どうしの長さが等しい図形を，**等脚台形**と呼んだりもします．

(2)　**平行四辺形**　　相対する2組の対辺どうしが平行であるような四角形を平行四辺形といい，あとで詳しくご紹介するように，幾何学では主要な働き者です．平行四辺形であれば，まちがいなく台形ですから，平行四辺形 ⊂ 台形，です．

(3)　**ひし形**　　平行四辺形の辺の長さが等しくなると，ひし形と呼ばれます．だから，ひし形 ⊂ 平行四辺形，です．

(4)　**長方形**　　平行四辺形の角が直角になると長方形と呼ばれます．したがって，長方形 ⊂ 平行四辺形，です．ここでおもしろいのは，ひし形と長方形の関係です．どちらも相手をすっぽりとは含むことができず，対等な立場で共存しています．

(5)　**正方形**　　ひし形の角が直角になると正方形です．また，長方形の辺の長さが等しくなっても正方形です．このように正方形は，ひし形の一部であると同時に，長方形の一部でもあります．こういうとき集合論の用語では，正方形はひし形と長方形の**共通部分**（または**交わり**）であるといい

$$正方形 = ひし形 \cap 長方形 \qquad (4.2)$$

と書くことを，ご存知の方も多いでしょう．

　以上のような各種の四角形の包含関係を図示してみたのが図4.3です[*1]．ご紹介してきた四角形のうち，等脚台形だけは省略してありますが，それは台形の一部分であると思って図を見てください．

この節では，各種の四角形の
包含関係や概念としての上下に
拘わってきました．もっとも，
概念としての上位や下位が，序
列としての上位や下位を意味す
るわけではありません．いちば
ん多くの制約を受け，それに見
事に耐えている正方形を最上位

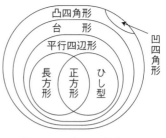

図 4.3　四角形の包含関係

とみるか最下位とみるかは，各人の好みの問題だからです．

　ただ，ここで重要なことは，上位概念で成立する法則は，必ず下
位概念においても成立するけれど，その逆は必ずしも成り立たない
ということです．たとえば，平行四辺形では「2 本の対角線は互い
に相手を 2 等分する」という法則が成立するので，この法則は長方
形，ひし形，正方形では成立しますが，しかし，台形では成立する
とは限らない，というようにです．

　では節を改めて，上位概念のほうから，そこで成立する法則を調
べていくことにしましょう．

四角形の決定条件と合同・相似

四角形の**決定条件**のうち，単純なものはつぎのとおりです．

(1)　4 つの辺の長さと，1 つの対角線の長さ

(2)　4 つの辺の長さと，1 つの角の大きさ

＊1　図 4.3 のようなスタイルで包含関係を図示したものは，ベン図，オイラー
　　図などと呼ばれています．

78

(3) 3つの辺の長さと，2つの対角線の長さ

(4) 3つの辺の長さと，それらの間の2つの角の大きさ

(5) 2つの辺の長さと，3つの角の大きさ

これら(1)，(2)，(3)，(4)，(5)のうち，いずれかが与えられれば，四角形は有無をいわせずに決まってしまいます．決まってしまうくらいですから，これらが四角形の**合同条件**にもなっていることは論をまちません．

(1)〜(5)のいずれでも四角形が決まる有様を図4.4で確認してください．(1)は，4つの辺と対角線 BD が与えられた場合です．まず，図 2.2(1)のように AB と BD と DA とで △ABD が決まり，つづい

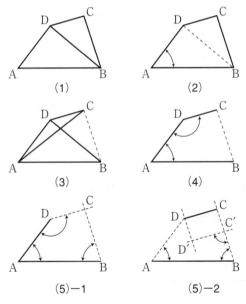

図 4.4　こうして四角形は決まる

て，BD と BC と CD で△ BCD が決まるので，自動的に四角形が完成します.

(2) では，図 2.2(2) のように AB と DA の 2 辺と∠ A で△ ABD が決まり，つづいて，BC と CD といま決まったばかりの DB で△ BCD も決まるので，四角形ができ上がります.

(3) では，1 辺を共有する 2 つの三角形，△ ABD と△ ACD を作り，B と C を結べば作業完了です. やはり，図形の基本は三角形ですね.

(4) は，BA の A 端から∠ A をとって AD を伸ばし，さらに∠ D をとって DC を伸ばし，最後に C と B を結んでください.

(5) では，与えられた辺と角の位置によって 4 つのケースが起こります. 与えられた 2 辺が隣接している場合に，どの角が与えられていないかによる 3 ケースと，与えられた 2 辺が対辺である場合の 1 ケースです. 図 4.4 には，そのうちの 2 ケースを図示しておきました. このうち，(5) − 1 のほうは説明の必要はないでしょう.

(5) − 2 のほうは，辺 AB と DC および∠ A，∠ B，∠ C が与えられたケースです. 辺 AB の A から∠ A を作る直線を引いておきます. いっぽう，B からも∠ B をとって直線を引き，その上に任意の点 C′ をとります. C′ から∠ C の方向に直線を引き，その上に D′C′ = DC となるような D′ をとります. つづいて，D′ から BC′ に平行な直線を引くと，あらかじめ A から引いてあった直線との交点が D です. 最後に，D から D′C′ に平行な直線を引いて C を決めれば終りです.

これで 5 つの決定・合同条件のご紹介を終りますが，このほかにも「1 つの角と，そこから出る対角線と，その角を作る 2 辺を含む

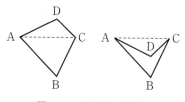

図 4.5　これは，まずい

3つの辺」など，辺と角と対角線の組合せで，いくつもの決定・合同条件を見出すことができます．

なお，ふつうの定義では，対角線とは多角形の隣り合わない頂点どうしを結ぶ線分のことです．この定義に従うと，図 4.5 の右側の凹四角形においては，AC も対角線と呼ぶことになります．そうすると，四角形の決定条件に挙げた「4つの辺と1つの対角線」だけでは図 4.5 のように2種類の四角形ができてしまい，これでは決定条件とは言えません．こういう次第で，多角形の決定条件に対角線を使うときには，対角線は多角形の内側にあると暗黙のうちに了解し合うしきたりになっています．

つぎは，四角形の**相似条件**です．相似の図形どうしは，角の大きさは変わらず，長さだけが同じ比率でいっせいに伸縮した組合せでしたから，78 ページの決定条件において辺と対角線についてだけ「比が等しい」と書き改めれば，相似の条件になるはずです．では，辺などの「長さ」と角の「大きさ」の文字は省略して，相似の条件を書き並べてみましょう．

(1)　4組の辺および1組の対角線の比が等しい．

(2)　4組の辺の比と，1組の角が等しい．

(3)　3組の辺および2組の対角線の比が等しい．

(4)　3組の辺の比と，それらの間の2組の角が等しい．

(5)　2組の辺の比と，3組の角が等しい．

これで，四角形全般に通用する決定・合同の条件と相似の条件に

ついての退屈な話を終ります.

四角形の内角と外角

「三角形の内角の和が 2 直角」は幾何学の基本中の基本で，これがないとユークリッド幾何は始まらないのでした．では，四角形の内角の和は，いくらでしょうか.

　答えは簡単，4 直角です．その証拠は図 4.6 に明らかです．凸四角形の場合も，凹四角形の場合も，対角線によって 2 つの三角形に分割することができます．そして，その 2 つの三角形に含まれる 6 つの内角の合計が，そのまま四角形の 4 つの内角の合

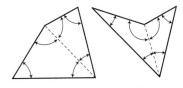

図 4.6　内角の和は 2 直角

計になっています．2 つの三角形の内角の和は 4 直角ですから，四角形の内角の和も 4 直角，というわけです.

　75 ページに「2 つ以上の内角がともに $2\angle R$ より大きい四角形は，この世には存在しません」と書いた理由が，いま明らかになりました．4 つの内角の和が $4\angle R$ しかない四角形において，$2\angle R$ より大きな内角が 2 つも存在できるはずがありません.

　つぎは，四角形の外角にすすみます．外角については三角形のときほど単純ではありません．凹四角形という変り者がいて，$2\angle R$ より大きな内角が存在するので，それに対応する外角についても検討する必要があり，面倒なのです．しかし，五角形以上の多角形では $2\angle R$ 以上の内角をいくつも含んだりしますから，そのような

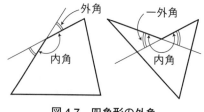

図 4.7　四角形の外角

内角に付着する外角も，面倒だからといって避けて通るわけにはいきません.

　図 4.7 を見ていただきましょう. 凸四角形のほうの外角は，三角形のときと同じですから問題はありません. 1つの辺と，それに隣り合う辺の延長線が作る角が外角で

$$内角 + 外角 = 2 \angle R \qquad (2.2) もどき$$

です. 同様に，凹四角形の場合にも「1つの辺と，それに隣り合う辺の延長線が作る角が外角」とすると，内角が $2 \angle R$ 以上のところでは，図の凹四角形の場合のように外角が図形の内側に入ってしまいます. そこで，この外角の大きさにはマイナスの符号をつけることを約束しましょう. そうすれば，図から明らかなように

$$内角 + (-外角) = 2 \angle R \qquad (2.2) もどき改$$

となって，凸四角形の場合との統一性が保たれます.

　さらに前進します. こんどは四角形の外角の和を求めましょう. 凸四角形は，つぎのとおりです. 角 A，B，C，D の内角をそれぞれ α，β，γ，δ とし，外角をそれぞれ α'，β'，γ'，δ' とすると，式(2.2)もどきによって

$$\left.\begin{array}{l} \alpha' = 2 \angle R - \alpha \\ \beta' = 2 \angle R - \beta \\ \gamma' = 2 \angle R - \gamma \\ \delta' = 2 \angle R - \delta \end{array}\right\} \qquad (4.3)$$

この4式をいっせいに加えると

$$\alpha' + \beta' + \gamma' + \delta' = 8\angle R - (\alpha + \beta + \gamma + \delta) \quad (4.4)$$

ところが，$\alpha + \beta + \gamma + \delta$（内角の和）は $4\angle R$ でしたから

$$\alpha' + \beta' + \gamma' + \delta' = 8\angle R - 4\angle R = 4\angle R \quad (4.5)$$

となります．すなわち，凸四角形の外角の和は $4\angle R$ なのです．

また，凹四角形についても符号の約束を忘れずに同様の計算をすると，外角の和は，やはり $4\angle R$ であることがわかります．したがって，四角形では内角の和も外角の和も4直角なのです．

三角形では，内角の和が2直角で外角の和は4直角（34ページ脚注）でした．ところが，四角形になると内角の和は4直角に倍増したのに，外角のほうは4直角のままです．不思議ですね．この件については，あとで触れるつもりです．

四角形にまつわる性質

四角形は多くのおもしろい性質を持っていますので，その中からいくつかを選び，例題の形をとってご紹介しようと思います．

　［**例題1**］　四角形 ABCD において，4つの辺の中点を順に結んでできる四角形は，平行四辺形になることを証明してください．

　［**解答**］　図には記入してありませんが，AとCを結ぶ対角線を頭の中で描いて，△ACD

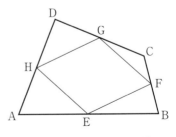

図 4.8　平行四辺形の誕生

をイメージしてみましょう. そうすると, G は C と D の中点ですし, H は A と D の中点ですから, HG は△ ACD の底辺 AC と平行です. さらに, △ ACB のほうもイメージすると, E は AB の中点, F は BC の中点ですから, EF も△ ACB の底辺 AC と平行です. つまり, GH と EF は平行になっています.

同じように, 対角線 BD を基準にすると, FG と EH も平行であることがわかります. したがって, 四角形 EFGH は平行四辺形です.

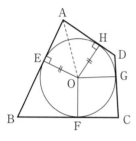

図 4.9　証明のために

[**例題 2**]　四角形が円に外接しているなら, 2 組の対辺の長さの和は同じです. たとえば図 4.9 において

$$AB + DC = AD + BC \quad (4.6)$$

です. これを証明してください.

[**解答**]　図の上半分にある△ AEO と△ AHO に注目してください. AO は両方の三角形に共通な辺ですし, また, OE = OH です. さらに, ∠ AEO と∠ AHO は共に∠ R です. したがって, △ AEO と△ AHO は 62 ページの (5) によって合同なので

$$AE = AH \qquad\qquad (4.7)$$

です. この考え方を他の部分にも適用すると

$$BE = BF, \quad CG = CF, \quad DG = DH \qquad (4.8)$$

であることもわかります. これら 4 つの式の左辺どうしと右辺どうしを加え合わせると

$$AE + BE + CG + DG = AH + BF + CF + DH \quad (4.9)$$

ですから，したがって

$$AB + DC = AD + BC \tag{4.10}$$

が証明できました．

[**例題3**]　四角形の各頂角の
二等分線でできる四角形では，
相対する角の和が $2\angle R$ にな
ることを証明しましょう．

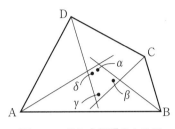

図4.10　これも証明のために

[**解答**]　図4.10の四角形の
各頂角の大きさを A，B，C，

D とします．また，各頂角の二等分線で作り出される四角形の頂
角の大きさを図4.10のように α，β，γ，δ としましょう．まず，
辺 AB を底辺とする三角形と，その内角の和が $2\angle R$ であること
に着目すると

$$\alpha = 2\angle R - A/2 - B/2 \tag{4.11}$$

同様に，CD を底辺とする三角形に着目すれば

$$\gamma = 2\angle R - C/2 - D/2 \tag{4.12}$$

です．この両式を加え合わせると

$$\alpha + \gamma = 4\angle R - (A + B + C + D)/2$$
$$= 4\angle R - 2\angle R = 2\angle R \tag{4.13}$$

であることが判明します．また

$$\beta + \delta = 4\angle R - (\alpha + \gamma) = 2\angle R \tag{4.14}$$

に決まっています．証明終り．

　以上の3つの例題を振り返ってみてください．いずれの場合も，
図形の中に潜んでいる三角形に注目して図形の性質を解明してきま
した．三角形が図形の基本であるという事実を改めて実感させられ

たではありませんか.

　［**クイズ**］　台形については，あまり書くことがないので，台形に関するやさしいクイズでお茶を濁します．AD∥BCである台形において∠ABC＝∠DCBなら，この台形は等脚台形であることを証明してください．答えは88ページの脚注にあります[*2].

平行四辺形の成り立ち

　相対する2組の対辺どうしが平行であるような四角形を平行四辺形というのですが，これがなかなかの働き者で，幾何学の証明問題などでは欠かせない存在です.

　まず，凸四角形が平行四辺形であるための条件を列挙しましょう.

　(1)　2組の相対する辺の長さが，それぞれ等しい.

　(2)　1組の相対する辺が平行で，かつ長さが等しい.

　(3)　2組の相対する角が，それぞれ等しい.

　(4)　2本の対角線が，互いの中点で交わる.

　これらの条件のいずれかが満たされる凸四角形は平行四辺形であること，すなわち，相対する2組の対辺どうしが平行であることを証明していこうと思います．直感的にあたりまえのことであっても，既知の事実を積み上げて，それを立証するのが幾何の掟だからです.

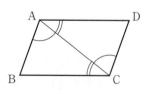

図 4.11　平行四辺形をめぐって

　(1)　図 4.11 を見ながら付き合ってください．AB＝DC，AD＝BCとしましょう．そうすると，△ABC

と△CDA は 3 つの辺どうしが等しいから合同です. したがって

$$\angle BAC = \angle DCA \qquad 錯角が等しいから \quad AB \parallel DC \quad (4.15)$$

$$\angle BCA = \angle DAC \qquad 錯角が等しいから \quad BC \parallel AD \quad (4.16)$$

というわけで, 四角形 ABCD は平行四辺形です.

(2) 同じく図 4.11 で, 相対する辺 AB と DC が, AB = DC であるとともに, AB ∥ DC でもあるとします. そうすると, ∠BAC = ∠DCA でもあります. それなら, △ABC と△CDA は 2 辺と夾角が互いに等しいから合同です. したがって

$$\angle ACB = \angle CAD \qquad 故に \quad BC \parallel AD \quad (4.17)$$

(3) 四角形 ABCD において, ∠A = ∠C, ∠B = ∠D の場合を考えます. 四角形の内角の和は 4∠R でしたから

$$\angle A + \angle B + \angle C + \angle D = 2\angle A + 2\angle B = 4\angle R \quad (4.18)$$

すなわち $\quad \angle A + \angle B = 2\angle R \quad \therefore \quad AD \parallel BC \quad (4.19)$

同様に $\quad \angle A + \angle D = 2\angle R \quad \therefore \quad AB \parallel DC \quad (4.20)$

したがって, 四角形 ABCD は平行四辺形です.

(4) こんどは図 4.12 を参考にしてください. 四角形 ABCD において対角線の交点を O とし, OA = OC, OB = OD とすると, ∠AOB と∠COD は対頂角どうしで等しいから, 2 辺夾角が等しく

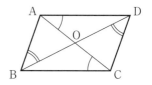

図 4.12 同じような図ですが

$$\triangle OBA \equiv \triangle ODC \quad (4.21)$$

です. それなら∠OBA = ∠ODC なので, AB ∥ DC です. 同じように△OAD ≡ △OCB から, ∠OAD = ∠OCB を経て, AD ∥

BC も立証できます．したがって，四角形 ABCD は平行四辺形です．

　このように，86 ページの 4 項目のうち，1 項目でも該当する四角形は平行四辺形ですから，これらの 4 項目は平行四辺形であるための十分条件であったことになります．そして，逆に平行四辺形でありさえすれば，これらの 4 項目はすべて成立するので，これらはまた，必要条件でもあります．

　平行四辺形のこのような性質は，幾何学の証明問題では欠かせない存在であることは前にも書きましたが，実は，私たちはすでに平行四辺形にお世話になったことがありました．50 ページで三角形の重心を求めるに際して，3 本の中線が 1 点で交わることを証明するとき，図 2.22 で「平行四辺形の対角線が，互いの中点で交わる」という性質を前借りして使ったのでした．ここで，やっと借りを返せたことになります．

　［**クイズ**］　平行四辺形であれば，86 ページの 4 項目がすべて成立することを証明してください．答えは 90 ページの脚注にあります．脚注に書けるくらいですから簡単です*3．

---

*2　［86 ページのクイズの答］　D から DE ∥ AB となるように DE を引くと，∠ABC = ∠DEC なので，題意によって∠DEC = ∠DCE です．それなら，ロバの橋（32 ページ）の逆によって DE = DC です．いっぽう，四角形 ABED は平行四辺形なので DE = AB. 故に，AB = DC です．

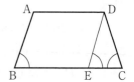

平行四辺形の余形の定理

　平行四辺形は四角形の一部です．だから，四角形の決定・合同・相似の条件が揃えば，平行四辺形も決まり，合同であり，相似になることは論をまちません．しかし，四角形が平行四辺形であるためには，さらに，86ページの(1)～(4)のような条件が課せられているのですから，平行四辺形の決定・合同・相似の条件は，そのぶんだけ，一般の四角形に対する条件より緩和されていいはずです．

　たとえば，四角形の決定条件「4つの辺の長さと，1つの対角線の長さ」は，四角形が平行四辺形となるための条件「2組の相対する辺の長さが，それぞれ等しい」によって，平行四辺形の場合には「隣り合う2つの辺の長さと，1つの対角線の長さ」に緩和されるようです．

　こういう観点に立っていただけば，平行四辺形の決定・合同・相似の条件を書き上げるのは造作もないことなので，ここでは省略いたしましょう．その代り，平行四辺形ならではの性質を見ていただこうと思います．

　図4.13を見てください．平行四辺形 ABCD の対角線 AC の上に任意の点Pをとり，Pを通って AD と AB に平行な線分 EG と HF を引きます．そうすると，アミかけした2つの平行四辺形 AEPH と PFCG が誕生します．この2つの平行四辺形は，親の平行四辺形 ABCD と相似です．その理由は，△ AEP ∽

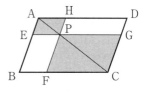

図4.13　対角線に沿う平行四辺形

△ ABC であるとともに，△ AHP ∽△ ADC であることから明らかです．

　ここで，P 点が A から出発して C に向かうときの ▱ AEPH の姿を，動画としてイメージに描いていただけませんか．P が A を離れるにつれて，そして A からの距離に比例して，▱ AEPH は平行四辺形を保ったまま成長し，P が C に到達したときには，親の平行四辺形と同じ寸法になってしまいます．あたりまえのことですが，子供の成長に似ていて，なんとなく微笑ましいではありませんか．

　なお，この場合，▱ AEPH は P がどこにあっても，A を**相似の中心**とする**相似の位置**(67 ページ)にあることにも，気がついていただけたでしょうか．また，▱ PFCG のほうも，P の移動につれて C を相似の中心とした相似の位置に並ぶことはもちろんです．そして，▱ AEPH や ▱ PFCG は，▱ ABCD の**対角線に沿う平行四辺形**といわれます．

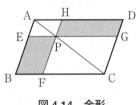

図 4.14　余形

　つぎは，図 4.14 です．こんどは，図 4.13 ではとり残された平行四辺形のほうにアミかけしてあります．この 2 つの平行四辺形は，P が AC の中央にあるときを除いて，親の平

---

* 3　[88 ページのクイズの答]　平行四辺形 ABCD に対角線 AC を引くと，△ABC と△CDA は ASA 合同(62 ページ)です．故に，∠A ＝∠C，∠B ＝∠D，AB ＝ CD，BC ＝ DA なので，(1)，(2)．(3)が成立します．また，対角線の交点を O とすると△OAB と△OCD は ASA 合同です．故に，OA ＝ OC，OB ＝ OD であり，(4)が成立します．

行四辺形とは相似ではありませんし，互いに相似でもありません．その代り，面積が同じです．その証明はつぎのとおりです．2つの図形が合同であることを表わす記号として≡を使うときには，＝は2つの図形の面積が等しいことを表わすのがふつうですから，その慣例にしたがうと

$$
\left.
\begin{aligned}
\triangle \text{ABC} &= \triangle \text{ADC} \\
\triangle \text{AEP} &= \triangle \text{AHP} \\
\triangle \text{PFC} &= \triangle \text{PGC}
\end{aligned}
\right\} \quad (4.22)
$$

$$
\begin{aligned}
\therefore \quad \Box \text{EBFP} &= \triangle \text{ABC} - \triangle \text{AEP} - \triangle \text{PFC} \\
&= \triangle \text{ADC} - \triangle \text{AHP} - \triangle \text{PGC} \\
&= \Box \text{HPGD} \quad\quad (4.23)
\end{aligned}
$$

というわけです．

　この2つの平行四辺形 $\Box$EBFP と $\Box$HPGD は，$\Box$ABCD の対角線に沿う平行四辺形の**余形**であるといいます．確かに，余りものの感じではありますが，少し冷たすぎる命名とも感じませんか．救いは，余形どうしの面積が等しいことに対して，**平行四辺形の余形の定理**という，りっぱな名前が与えられていることです．

　余計なお世話ですが，点 P が A から C まで動くにつれて，余形が占める面積の割合は，どう変化するでしょうか．幾何の問題というよりは，方程式を立ててグラフに描くだけの問題なので，ここでは省略しますが，気がむいたら各人で解いてみていただけませんか*4.

---

*4　余形の部分の面積が全平行四辺形の中に占める割合は，BF/BC $= x$ とすると，$2(1 - x)x$ で表わされます．

平行四辺形をめぐって

ひきつづき，平行四辺形そのものの性格や，他の図形の性格を浮き彫りにする平行四辺形の役割などを，例題を使いながらご紹介していきましょう．

［**例題1**］　平行四辺形 ABCD の対角線の交点を O とします．O を通る直線が平行四辺形の2辺と交わる点を E, F とするとき，OE ＝ OF であることを証明してください．

［**解答**］　図 4.15 において

$$\angle \text{AOF} = \angle \text{COE} \quad (対頂角)$$
$$\angle \text{OAF} = \angle \text{OCE} \quad (錯角)$$
$$\text{AO} = \text{CO}$$

$$(4.24)$$

したがって　△AOF ≡ △COE　（ASA 合同）　　(4.25)

故に　　　　OE ＝ OF　　　　　　　　　　　(4.26)

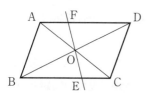

図 4.15　図形の中心

［**補足**］　O を通る直線をどの方向に引いても，常に O は EF の中点に位置しています．このようなとき，O を**図形の中心**と呼び，図形が点 O に対して**対称**であるといい，また，その図形は**対称図形**であるといわれます．

［**例題2**］　△ABC において，AB の中点を D，AC の中点を E とすると，DE は BC に平行で，かつ，長さが半分です．これは，幾何学での比例の出発点となる**中点連結の定理**なのですが，これを証明してください．

[**解答**]　図 4.16 のように，DE の延長線上に DE = EF となるようなF を決めます．そうすると

$$\triangle \text{EAD} \equiv \triangle \text{ECF} \quad (\text{SAS 合同}) \tag{4.27}$$

故に　　$\angle \text{EDA} = \angle \text{EFC}$ (4.28)

したがって　AD ∥ CF　すなわち　BD ∥ CF (4.29)

さらに　　　BD = DA = CF (4.30)

すなわち，相対する辺 BD と CF は平行
で長さが等しいので，四角形 DBCF は
平行四辺形です．さらに，E は DF の中
点でしたから

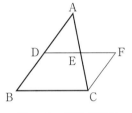

$$\text{DE} \parallel \text{BC} \quad \text{かつ} \quad \text{DE} = \frac{1}{2}\text{BC}$$

(4.31)

図 4.16　証明の原点

であることが証明できました．

[**例題 3**]　平行四辺形の各頂点から対角線に下ろした垂線の足
（垂線と対角線の交点）を線分で連ねると，平行四辺形が生まれることを証明してください．

[**解答**]　図 4.17 のように，対角線 AC に B から下ろした垂線の
足を E などと記号をつけましょ
う．まず，E と G は直線 AC 上
にあるとともに，F と H は直
線 BD 上にあるので，四角形
EFGH の対角線の交点は，▱
ABCD の対角線の交点 O と一
致します．そこで

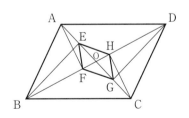

図 4.17　平行四辺形の難産

$$\triangle \text{BOE} \equiv \triangle \text{DOG}$$

（3 組の辺どうしが平行で，かつ，OB ＝ OD）

故に　　OE ＝ OG　　　　　　　　(4.32)

$$\triangle \text{AOF} \equiv \triangle \text{COH}$$

（3 組の辺どうしが平行で．かつ，OA ＝ OC）

故に　　OF ＝ OH　　　　　　　　(4.33)

すなわち，四角形 EFGH の 2 本の対角線は，それぞれを互いに 2 等分するから，この四角形は平行四辺形です．

　この場合，つぎのような証明法はいかがでしょうか．▱ABCD は，O 点に対して対称な図形です．その図形に，O に対して対称な加工だけを施して作り出した四角形は，やはり O に対して対称な図形になっているはずです．O に対称な四角形は平行四辺形です……．「対称な加工」というところを，きちんと定義しないと，このような証明は認めてもらえないかな？

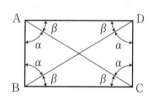

図 4.18　**長方形の誕生**

［**例題 4**］　平行四辺形の一部である長方形の出番を作りましょう．2 本の対角線の長さが等しい平行四辺形は，長方形であることを証明してください．つまり，4 つの角がすべて $\angle R$ になることを証明していただきたいのです．

［**解答**］　対角線の長さが等しい平行四辺形では

$$\triangle \text{ABC} \equiv \triangle \text{ABD} \equiv \triangle \text{CDA} \equiv \triangle \text{CDB} \quad (\text{SSS 合同})\quad(4.34)$$

ですから

$$\angle \text{BAC} = \angle \text{ABD} = \angle \text{DCA} = \angle \text{CDB} \quad (= \alpha \text{とする})\quad(4.35)$$

$$\angle DAC = \angle CBD = \angle BCA = \angle ADB \quad (= \beta とする) \quad (4.36)$$

四角形の内角の和は $4\angle R$ でしたから

$$4\alpha + 4\beta = 4\angle R \tag{4.37}$$

$$\therefore \quad \alpha + \beta = \angle R \tag{4.38}$$

すなわち，この平行四辺形はすべての角が直角なので長方形です．

[**例題5**]　こんどは，ひし形の顔を立てましょう．4つの辺の長さがすべて等しい平行四辺形がひし形でした．2本の対角線が互いに相手を垂直に2等分する平行四辺形は，ひし形であることを証明してください．

[**解答**]　図4.19を使いましょう．題意によって

$$OB = OD, \ OA = OC \tag{4.39}$$

$$\angle AOB = \angle AOD = \angle COB = \angle COD \tag{4.40}$$

故に　$\triangle AOB \equiv \triangle AOD \equiv \triangle COB \equiv \triangle COD$　（SAS合同）

$$\tag{4.41}$$

したがって　　$AB = AD = CB = CD \tag{4.42}$

すなわち，この平行四辺形は4辺の長さが等しいので，ひし形です．

[**クイズ**]　正方形は，言ってみれば，正四角形のことです．つぎの節でご案内するように，正 n 角形とは，すべての辺が等しく，かつ，すべての角が等しい n 角形のことです．すなわち，正方形は4つの辺が等しく，かつ，4つの角が等しい四

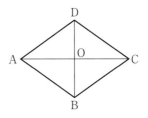

図4.19　ひし形の誕生

角形です．それでは，2つの対角線が等しく，かつ，互いに相手を垂直に2等分する四角形は，正方形であることを証明してくださ

い．例題4と5の応用ですから，解答は省略いたします．

多角形の内角・外角の和

三角形，四角形につづいて，こんどは多角形といきます，それなら，多角形は五角形以上のことかと思うと，そうではありません．三角形以上をすべて多角形というのです．したがって，多角形の定義には，三角形や四角形も包含する必要があります．そこで，四角形を定義したときにならって，揚げ足をとられないよう十分に用心しながら多角形を定義すると，つぎのようになります．

「一平面上にある異なったn個$(n \geqq 3)$の点を$P_1, P_2, \cdots, P_n$とする．これらを2つずつ順に結び，線分P_1P_2, P_2P_3, $\cdots$, $P_{n-1}P_n$をつくり，最後にP_nとP_1を結ぶ線分を作る．これらn本の線分のうち隣り合う2線分のどれもが一直線上になく，かつ，隣り合わないどの線分も共通点をもたないとき，これらn本の線分で囲む図形をn角形という．」

いかかでしょうか，四角形のときより，一段とうるさくなっています．四角形では，「どの3点も一直線上にない」ですませましたが，五角形以上では，遠く離れた3点も一直線上に並ぶことを禁止されると，図4.20のように，描き得る図形の存在が否定されてしまうことも起こるからです．

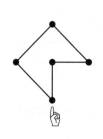

図4.20　3点が並ぶ
**　　　　 こともある**

このように定義された多角形のうち，すべての内角が$2\angle R$より小さいものを**凸**

多角形. 内角の1つ以上が $2\angle R$ より大きいものを**凹多角形**と呼ぶところは，四角形の場合と同じです．

また，すべての辺が等しい多角形を等辺多角形，すべての角が等しい多角形を等角多角形といいます．そして，すべての辺が等しく，かつ，すべての角が等しい多角形が**正多角形**です．

つづいて，多角形の内角の和と外角の和を調べておきましょう．まず，n 角形の内角の和を求めます．n 角形の中に任意の点Pを定め，図 4.21(a) のように，各頂点とPを結ぶと，n 個の三角形ができます．1つの三角形の内角の和は $2\angle R$ ですから，n 個の三角形の内角の総和は $2\angle R \times n$ です．この総和のうち，P点を囲む n 個の頂角の和に $4\angle R$ を使い，残りの角度が n 個の内角に割り振られていますから，内角の和は

$$2\angle R \times n - 4\angle R = 2\angle R(n-2) \tag{4.43}$$

であることを知ります．

[**クイズ**]　四角形の内角の和は $4\angle R$ なので，2つの凹角を持つ四角形は存在しないのでした(81ページ)．五角形なら内角の和が $6\angle R$ なので，2つの凹角を持てるはずです．それを描いてみてください．ついでに，3つの凹角を持つ六角形，4つの凹角を持つ七

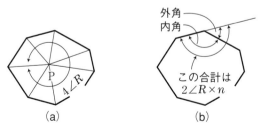

(a)　　　　　　　　(b)

図 4.21　n 角形の内角・外角の和

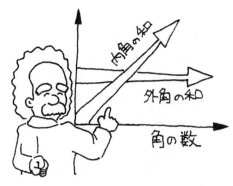

角形なども，どうぞ．答えは 100 ページの脚注*5 をどうぞ．

　つぎは，外角の和です．図 4.21(b) を見てください．図のように，1 つの内角とその外角の合計は $2\angle R$ です．そして，n 個の頂点のすべてについてこのような $2\angle R$ を集めれば，その中には，すべての内角とすべての外角が含まれているはずです．したがって，外角の和は，$2\angle R$ の n 倍から内角の和を差し引いて

$$2\angle R \times n - 2\angle R(n-2) = 4\angle R \qquad (4.44)$$

ということになります．なん角形であっても，外角の和は $4\angle R$ のままで一定です．

　なお，凹 n 角形のときには，外角が図形の内側に入ってしまうところが生じますが，その場合には，82 ページのときと同様に，外角の大きさにマイナス符号をつけて処理すれば，式(4.43)や式(4.44)の関係が成立することは容易に納得できるでしょう．

　83 ページで，三角形と四角形を較べると，内角の和は $2\angle R$ から $4\angle R$ へと倍増するのに，外角の和のほうは $4\angle R$ のまま……と不思議がったことがありました．しかし，事実はもっとおもしろく，内角は式(4.43)に従ってぐんぐん増大するのに対して，外角は

$4 \angle R$ のままで不変なのです.

正 n 角形を作図する

この節では, 正 n 角形を描いてみましょう. もちろん, $26 \sim 29$ ページでご紹介した幾何学の作図の作法に従って, です.

（1）正三角形からスタートして

正三角形を作図するのは, わけもありません. 辺 AB の A 端を中心にして半径 AB の円を描き, B 端を中心とする半径 AB の円との交点を C とすれば, △ ABC は正三角形になります.

つぎに, ∠A の二等分線と ∠B の二等分線の交点 O を求め, O を中心にして OA の半径で△ ABC の外接円を描きます. そして, AO を延長して外接円との交点 D を求めると, CD と DB が正六角形の 2 辺となります. あとは, 円周を CD の半径で切っていくと, 正六角形のすべての頂点が求まり, 正六角形を描くことができます.

さらに, ∠ DOB を 2 等分して F 点を見付け, DF の半径でつぎつぎと円周を切っていけば, 円周は 12 等分されて, 正十二角形のすべての頂点が求まります. 以下, 同様にして

正三角形, 正六角形, 正十二角形, 正二十四角形, ……

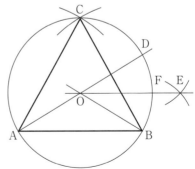

図 4.22　正三角形からスタート

100

と，限りなく作図できることがわかります．

（2）　正方形からスタートして

正方形を描くのもわけはありませんが，どうせあとで外接円を描くのですから，直交する2直線を引いておき，その交点を中心とする円を描いて4つの頂点を決めてしまうのが早道でしょう．

あとは，前例にならって外接円をつぎつぎに2等分していけば

　　　正方形，正八角形，正十六角形，正三十二角形，……

と，理屈のうえでは限りなく作図できます．実際にやってみると，正三十二角形くらいで，ほとんど円になってしまいますが……．

（3）　正五角形からスタートして

正五角形は作図できるでしょうか．できます．その理由は，つぎのとおりです．図4.23を見てください．正五角形の1辺CDを任意の長さにとったとき，CDの長さを基準にして対角線ADの長さ

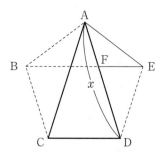

図4.23　正五角形は作図できる

を作図で作り出すことができるなら，正五角形が作図できるはずです．なぜかといえば，CとDからADの半径で弧を描いて交点Aを求めれば，そこが正五角形の頂点の1つであり，つづいて，AとDからCDの半径で弧を描いてEを求め，同様にし

＊5　［97ページのクイズの答］

て B も求めれば，正五角形の 5 つの頂点が確定するからです．

　では，CD = AE = 1 として，AD の長さ x を求めてみましょう．まず，AB = CD，∠ ABC = ∠ BCD なので，四角形 ABCD は等脚台形だから AD ∥ BC，同じように BE ∥ CD，したがって，四角形 BCDF は平行四辺形であることを承知しておきます．そして，△ ADE と△ AFE に着目してください．

$$\angle \text{AFE} = \angle \text{BFD} = \angle \text{BCD}（四角形 BCDF が平行四辺形）$$

$$= \angle \text{AED}　（正五角形の頂角どうし）$$

　また，　　∠ DAE = ∠ FAE

　したがって　　△ ADE ∽△ AFE　　　　　　　　　　　　　(4.45)

ここで，AE = DE = DF = 1，AF = $x-1$ であることに注意して

$$x : 1 = 1 : (x - 1)　　　\therefore　x^2 - x - 1 = 0　　(4.46)$$

　したがって　　AD = $x = \dfrac{1 + \sqrt{5}}{2}$　　　　　　　　　(4.47)

であることがわかりました．

　問題は，この長さが定規とコンパスで作り出すことができるか，です．これができるから，うれしくなってしまうではありませんか．

　30 ページの脚注でも触れたように，長さについての＋，－，×，÷，$\sqrt{}$ の 5 種類の演算は，定規とコンパスだけを用いた作図で実行可能なのです．どのように実行可能かを図4.24に載せておきました．

　式(4.47)の長さを作り出すには，まず，図4.24(5)の b を 5 として x を求めれば，それが$\sqrt{5}$です．その長さに 1 の長さを足します．そして，それを 2 等分すれば，x = AD の長さができ上りです．あとは前述の手順を踏んで，1 辺の長さを 1 とする正五角形か完成します．

　正五角形ができるなら，前例と同じように

2つの線分 a と b とが
右のように与えられている

（1） 加法
   直線上に a と b とを
   連ねて並べる

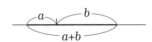

（2） 減法
   直線上で a から b を
   引く

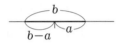

（3） 乗法
   $x=ab$ を変形すれば
   $$\frac{x}{a}=\frac{b}{1}$$
   であることを利用する

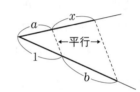

（4） 除法
   $x=\dfrac{a}{b}$ を変形すれば
   $$\frac{x}{a}=\frac{1}{b}$$
   であることを利用する

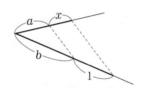

（5） 開平
   $x=\sqrt{b}$ の場合には
   $x^2=b$ だから
   $$\frac{x}{1}=\frac{b}{x}$$
   であることを利用する
   右図で△APC と△BPC
   とは相似である

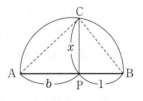

図 4.24　定規とコンパスだけの＋，－，×，÷，√

　　正十角形，正二十角形，正四十角形，……

と，限りなく作図可能ということになります．

　（4）　もっと角数が多い正多角形では

　正六角形については，すでに正三角形から生み出せることを知っていますから省略し，正七角形の作図にすすみましょう．と気負ってはみたものの，実は，定規とコンパスを使った有限回の作図では，正七角形を描くことはできないのです．

　さらに，正八角形は正方形から生み出せるけれど，正九角形はどうしても作図できないし，また，正十角形は正五角形から作り出せるけれど，正十一角形は描けない……と，つづき，結局のところ，作図できる正 n 角形は，角数 n が

$$3,\ 4,\ 5,\ 15,\ 17,\ 51,\ 85,\ \cdots\cdots \qquad (4.48)$$

および，これらの 2^p（p は正の整数）倍の場合に限ることが知られています．このうち，ある角数の正多角形が作図できるなら，その 2^p 倍の角数についても作図できることは，外接円の円周をつぎつぎに2等分していけば角数が倍増していくことから容易に納得できます．

　いっぽう，角数が 7，9，11，……などのとき，なぜ正多角形が作図できないかを説明するには，幾何学以外の知識を動員しなければなりません．ふつうは，実数軸と虚数軸をもつ**複素数平面**を使って頂点の座標を求め，その過程で $+$，$-$，$\times$，$\div$，$\sqrt{\ }$ の演算しか使わなければ，作図が可能なはず，などと判定することになります．なかなかの趣向なのですが，幾何の本としては残念ながら割愛することを許していただかなければならないでしょう[*6]．

[*6]　正多角形の作図やギリシア三大難問(30ページ)の解については，『定木とコンパスで挑む数学』(大野栄一著，講談社ブルーバックス，1993)がお役に立ちます．

5. 円をめぐって

—— たかが丸というけれど ——

2とおりの円

　珍問を進呈します．円は正ゼロ角形でしょうか．それとも，正無限角形とお思いでしょうか．

　ゼロは，1と－1の間に実在する数なのに対して，無限は有限の値をどんどん大きくした先にあるとはいえ，有限に連続した数ではありません．だから，数であるゼロに軍配を挙げたくもなります．けれども，私はやっぱり正無限角形の優勢勝ちと判定しようと思います．理由は，つぎのとおりです．

　正ゼロ角形が実在するとすれば，それは，正四角形，正三角形，正二角形，正一角形と並んだ先に存在すると考えるのが自然です．このうち，正四角形や正三角形は確かに存在します．しかし，正二角形はどうでしょうか．多角形の定義（96ページ）では $(n \geq 3)$ となっていますから，ふつうは正二角形は図形とはみなさないことにしているのでしょう．この定義に異論を挟むようですが，実は，正二角形を認めてもいいのではないかと，私は勝手に思っています．理由は，つぎのとおりです．

　正二角形は，2本の線分が隙間なくより添った面積のない図形です．このように儚い図形ですが，数学上のつじつまは意外にきちんと合っています．正二角形の内角の和はもちろんゼロですが，これは，n 角形の内角の和が $2\angle R(n-2)$ であることと，ちゃんと符合しています．正二角形の外角の和が $4\angle R$ であるところも合格です．また，一定の直径の円に内接する正 n 角形の面積を，n を変化させながらグラフに描いてみると，正二角形の面積ゼロの点も違和感なく曲線上に並びます．さらに，これらのゼロがいずれも基点として意味を持つことや，重なり合った2直線も平行の仲間に入れることなどを総合して考えると，正二角形の存在を認めても理屈は通ると思うのです．

　話を元に戻しましょう．私の珍説を容認していただいたとすると，正四角形，正三角形，正二角形と，だんだんと正ゼロ角形のほうへ近づいていきます．けれども，つぎの正一角形がいけません．正一角形の具象的なイメージが湧かないのです．そのうえ，内角の和が $-2\angle R$ となってしまいます．これをどう解釈したらいいでしょうか．これはもう，この世のものとは思えないではありませんか．こういうわけですから，正一角形の先に正ゼロ角形としての円が存在するという仮説は，成立するとは思えないのです．

　これに対して，正 n 角形の n を大きくしていくと，図形は見た目にもどんどん円に近づいていきます．そして，n を限りなく大きくした極限では，円以外の姿は想像できません．そのうえ，円に内接する正 n 角形の極限として円の面積を求めたりもできるのですから，円は正無限角形のようなものと考えるほうが自然でしょう．

　さて，円はどのように定義されているのでしょうか．なんと，定

義には異なった2とおりがあるから不思議です．それにもかかわらず，あまり困らないから，もっと不思議です．

　定義の1つめは，「平面上で，一定点から一定の距離にある点の全体が作る曲線」であり，これを「平面上で，一定点から一定の距離にある点の軌跡」と言ったりもします．このうち，一定点は**円の中心**，一定の距離が**円の半径**であることは，もちろんです．

　定義の2つめは，「平面上で，一定点から一定の距離にある点の軌跡に囲まれた図形」です．つまり，丸い曲線の内部も含めて円と定義するのです．この場合には，「……点の軌跡」の部分だけを**円周**と呼んで，円の内部と区別することになります．

　このように円の定義には，その縁の曲線だけを指す場合と，内部も含める場合があるのです．多角形のときには，このような区別を気にしたこともなかったのに，円についてだけ縁の曲線を意識するのは，きっと，円の性質の中でも，円周がとくに重要な意味を持つからに相違ありません．私たちも，この事実を承知したうえで，具体的に話をすすめていくことにしましょう．

　円は，定義からも明らかなように，中心と半径が与えられると決まります．このうち，中心は円の位置を決めているだけですから，円の性質には影響を及ぼしません．半径さえ等しければ，円の性質は同じなのです．そこで，半径が等しく，中心の位置だけ違う円を**等円**，**合同な円**などといいます．そして，円はすべて**相似**です．半径という「長さ」が変れば，図形は均等に伸縮しますから……．

　円は中心と半径が与えられると決まる，と書いてきましたが，一直線上にはない3点を与えても，この3点を通る円は1つに決まってしまいます．

図 5.1 をごらんください. 点 A, B, C が与えられたとしましょう. そして, 線分 AB の垂直二等分線と線分 BC の垂直二等分線の交点を O とします. そうすると, △AOB は二等辺三角形ですから AO = BO です. また, 同じ理由で BO = CO です. 故に

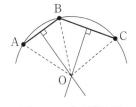

図 5.1 3 点を通る円

$$AO = BO = CO \tag{5.1}$$

です. したがって, O を中心とする半径 AO の円は, A, B, C の 3 点を通ります. 逆に, A, B, C を通る円の中心は, この 3 点から等距離にある必要がありますが, そのような点は線分 AB と BC の垂直二等分線の交点 O のほかにはないので, O を中心とする半径 AO の円が, 3 点を通る唯一の円です. だから, 3 点を通る円は 1 つに決まってしまいます.

さらにつづけると, 一直線上にない 4 点を通る円は常に描けるわけではありませんが, 4 点の位置がある条件を満たす場合には, その 4 点を通る円が 1 つに決まってしまいます. この条件については, 円の性質をもう少し調べてから, ご紹介する予定です.

中心角と弦や弧の大きさ

円にまつわるいろいろな名称を思い出しておきましょう. 図 5.2 を見ながら確認してください. 円周上の異なる 2 点, A と B とを結ぶ円周の一部を**弧**といい, $\overset{\frown}{AB}$ で表わします. この弧 $\overset{\frown}{AB}$ には, 図のように半円を上回る弧と下回る弧の 2 つができます. この 2 つ

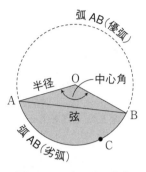

図5.2　いろいろな名称

は互いに**共役弧**[*1]といいます.そして, 半円より大きな弧を**優弧**, 小さな弧を**劣弧**と呼びます.また, 図のように円周上にC点を定めて弧ACBと書く手も使われます.

中心において, ある弧を望む角度を**中心角**といいます. 困ったことに, 弧ABを望む角にも, 優弧のほうを望む角と劣弧のほうを望む角の2とおりがありますから, 正確を期すためには, 優弧ABに対する中心角というように表現しなければなりません. 図5.2に例示してある中心角は, 劣弧ABに対する中心角です. 当り前のことですが, 優弧に対する中心角は $2\angle R$ より大きく, 劣弧に対する中心角は $2\angle R$ より小さくなります. なお, 幾何に関する記述の中では, 劣弧のほうだけを代表として取り上げることが多く, そのときには, いちいち劣弧と断らないのがふつうのようです.

円周上の異なる2点, AとBを結んだ線分を**弦**と呼びます. 弦ABを弧ABに対する弦といってもかまいません. ちょうど中心を通るような弦を**直径**といい, 直径はもっとも長い弦であることもご存知のとおりです. 円は直径によって2つの半円に切り分けられ, その2つの半円が合同であることも論をまちません.

[*1]　共役(きょうやく)という用語は数学ではしばしば使われ, 2つの点, 線, 数などが密接に結びついていて, 互いの役割を入れ替えても全体の論理性が崩れないような関係を意味します.

　まだつづきます．図5.2にアミかけした部分，すなわち，2本の半径と弧 ACB に囲まれた図形を**扇形**といいます．ほんとうに扇の形をしています．もっとも，2本の半径と優弧 AB で囲まれたほうも扇形といわれるのですが，こちらのほうは，扇にしては開きすぎですね．

　さらに，弦 AB と弧 AB で囲まれた図形は**弓形**と呼ばれます．弓形のほうも優弧をとるか劣弧をとるかによって，2とおりがあります．半円は，弓形の特別な場合です．

　これで用語の復習を終って，円の基本的な性質にすすみます．これからご紹介する性質は，万人に認められている定理ですから，いつ，どこでも，遠慮なく使っていただけます．

（1）　同じ半径の円においては，等しい中心角に対する弧は等しいし，弦も等しい．また，大きな中心角に対する弧は，小さな中心角に対する弧よりも大きい．

（2）　同じ半径の円では，2つの中心角の比は，これらに対する弧の比に等しい．

（3）　円の中心から弦へ引いた垂線は，その弦，およびその弦に対する弧を2等分する．

　これは証明しておきましょう．図5.3のように，中心 O から弦 AB へ下ろした垂線の足を M とし，この垂線が円周と交わる点を L および N とします．そうすると，△OAM と △OBM については，OA と OB が半径どうしで等

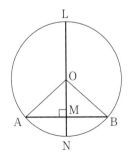

図 5.3　AM ＝ BM の証明

しく，OM は共通であり，∠ OMA も ∠ OMB も ∠ *R* だから

$$\triangle OAM \equiv \triangle OBM \quad (SSR 合同) \tag{5.2}$$

故に　　AM = BM　　　　　　　　　　　　　　　　(5.3)

いっぽう，中心角と弧の関係に注目すると，∠ AOM = ∠ BOM から

$$\angle AON = \angle BON \quad 故に \quad \overset{\frown}{AN} = \overset{\frown}{BN} \tag{5.4}$$

$$\angle AOL = \angle BOL \quad 故に \quad \overset{\frown}{AN} = \overset{\frown}{BL} \tag{5.5}$$

というわけです．ここで，式(5.5)のほうも忘れないようにしてください．

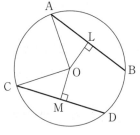

図 5.4　OL ＝ OM の証明

（4）　等しい長さの弦は中心から等距離にあり，逆に中心から等距離にある弦の長さは同じです．

これも証明しておきましょう．図 5.4 で，2つの弦 AB と CD が等しければ，それぞれの弦に中心から下ろした垂線 OL と OM が等しい，つまり中心からの距離が等しいことと，その逆を証明しようと思います．

$$AB = CD \quad だから \quad AL = CM \quad ((3)による) \tag{5.6}$$

$$AO = CO \quad (ともに半径) \tag{5.7}$$

$$\angle ALO = \angle CMO \tag{5.8}$$

したがって

$$\triangle ALO \equiv \triangle CMO \quad (SSR 合同) \tag{5.9}$$

故に　OL = OM　　　　　　　　　　　　　　　　　(5.10)

逆の証明は，文字どおり逆の道筋を辿ります．

$$OL = OM, \quad AO = CO, \quad \angle ALO = \angle CMO \qquad (5.11)$$

したがって $\qquad \triangle ALO \equiv \triangle CMO$ $\qquad\qquad (5.12)$

故に $\qquad AL = CM, \quad AB = CD$ $\qquad\qquad (5.13)$

なんだ, つまらない, などと言わずに, 紛れのない論理の流れを楽しんでいただけたでしょうか.

円周角がポイント

気分転換のために節を改めますが, 内容は前節のつづきです.

図 5.5 を見てください. 円周上の 1 点 P を通る 2 本の弦 PA と PB の角度を**円周角**といいます. これはまた, 弧 AB(P 点を含まないほうの弧)の上に立つ円周角といいます. そして, 弧 AB の上に立つ円周角の大きさは, P 点を弧 AB の共役弧のどこへ動かしても一定のままで変りません. 図5.5 で

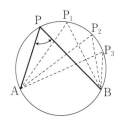

図 5.5 円周角は一定

$$\angle APB = \angle AP_1B = \angle AP_2B = \cdots\cdots \qquad (5.14)$$

というようにです. なぜかについては, 間もなくわかります.

（5） 円周角は, 同じ弧に対する中心角の 1/2 です.

これは, ぜひとも証明しておかなければなりません. 円の性質の中でもっとも出番の多いのが, 円周角と中心角だからです.

円周角と中心角との位置関係は, P, A, B の配列によって図5.6 のような3ケースが生じます. まず, PA が O を通っている(a)のケースを見ましょう. ∠AOB はちょうど△ OPB の外角になって

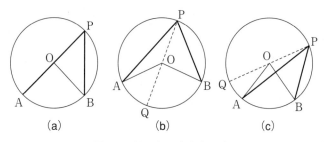

図 5.6　円周角は中心角の半分

いるので

$$\angle \text{AOB} = \angle \text{OPB} + \angle \text{OBP} \tag{5.15}$$

いっぽう，OP = OB だから △OPB は二等辺三角形なので

$$\angle \text{OPB} = \angle \text{OBP} \tag{5.16}$$

故に　　$\angle \text{AOB} = 2 \angle \text{OPB} = 2 \angle \text{APB}$ $\tag{5.17}$

したがって　　$\angle \text{APB} = \dfrac{1}{2} \angle \text{AOB}$ $\tag{5.18}$

つぎに，図 5.6(b) のケースを見てください．$\overparen{\text{AB}}$ を $\overparen{\text{AQ}}$ と $\overparen{\text{QB}}$ に分けて (a) のケースの式 (5.18) を適用すれば

$$\angle \text{APQ} = \frac{1}{2} \angle \text{AOQ}, \quad \angle \text{BPQ} = \frac{1}{2} \angle \text{BOQ} \tag{5.19}$$

この両式を加え合わせると，

$$\angle \text{APQ} + \angle \text{BPQ} = \frac{1}{2} (\angle \text{AOQ} + \angle \text{BOQ}) \tag{5.20}$$

故に　　$\angle \text{APB} = \dfrac{1}{2} \angle \text{AOB}$ $\qquad$ (5.18) と同じ

を得ます．そして，図 5.6(c) のケースでは，式 (5.19) の後の式から

前の式を引いてみてください.

$$\angle \text{BPQ} - \angle \text{APQ} = \frac{1}{2}(\angle \text{BOQ} - \angle \text{AOQ}) \qquad (5.21)$$

故に $\angle \text{APB} = \frac{1}{2}\angle \text{AOB}$ $\qquad\qquad$ (5.18)と同じ

となって,円周角が中心角の1/2であることが,めでたく証明できました.ここで,この事実から派生する円周角の重要な性質を2つ,特記しておきましょう.

(5′) すでに図5.5のときに述べたように,円周角の大きさはP点の位置にかかわらず一定です.なにしろ,一定な中心角の1/2なのですから.なお,この性質は逆も成立します.

(5″) 直径に対する円周角は$\angle R$です.これは,**タレスの定理**と呼ばれる重要な性質です.なぜ,そうなるかといえば,直径に対する中心角は$2\angle R$だからです.この性質の逆も成立します.

半分! 二倍!

出番が多い
円周角 と 中心角

114

この性質は重要なので，別の観点からも確認しておこうと思います．図5.7に，直径を1辺とした三角形 ABP が描いてあります．この図で，OA = OP（ともに半径）なので，△AOP は二等辺三角形であり，したがって．底角 α どうしは同じです．△BOP についても，同じ理由で底角 β どうしが同じです．そうすると，△ABP についての内角の和は

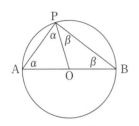

図 5.7　タレスの定理の証明

$$2\alpha + 2\beta = 2\angle R \tag{5.22}$$

故に　　$\angle P = \alpha + \beta = \angle R \tag{5.23}$

であることが明らかではありませんか．

　[**例題**]　円に内接する四角形では，対角の和が $2\angle R$ になります．逆に，対角の和が $2\angle R$ であるような四角形の4つの頂点を通る円は，1つだけ存在します．それを証明してください．

　[**解答**]　図5.8(a)を参照しながら証明をすすめましょう．∠A を α，∠C を γ とすると，中心角は円周角の2倍ですから，中心角のところに注目して

$$2\alpha + 2\gamma = 4\angle R \tag{5.24}$$

故に　　$\alpha + \gamma = 2\angle R \tag{5.25}$

すなわち　　$\angle A + \angle C = 2\angle R \tag{5.26}$

　同様にして，∠B + ∠D = 2∠R も証明できますから，問題の前半は片付きました．

　つぎは，逆の証明です．こんどは図5.8(b)を参照します．対角

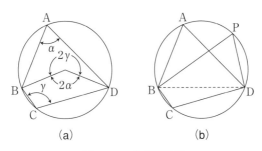

図5.8　4点を通る円

の和が $2\angle R$,すなわち,1つの角は確実に $\angle R$ より小さいので,凸四角形だけを対象とすれば十分です.まず,3点 B,C,D を通る円を考えます.3点が一直線上になければ,その3点を通る円は1つだけに決まるのでした(106 ページ),そして,直線 BD に関して,A と同じ側に円周上の1点 P を想定してください.そうすると,前半の証明によって

$$\angle P + \angle C = 2\angle R \tag{5.27}$$

です.ところが,私たちは対角の和が $2\angle R$ であるような四角形の場合について考えているのでしたから

$$\angle A + \angle C = 2\angle R \tag{5.28}$$

　故に　　$\angle A = \angle P$ (5.29)

　それなら,(5′)の逆によって A 点も B,C,D を通る円周上にあるはずです.すなわち,3点 B,C,D で決まる円周は,四角形 ABCD が「対角の和が $2\angle R$」という性質を持っているならば,A 点の上も通過してしまうというわけです.

　なお,図5.8 では,円の中心が四角形 ABCD の中にある場合を例示してありますが,4つの頂点が1つの劣弧の中に寄り集まった

場合でも同様に証明できますから，試していただければと思います.

円と直線のからみ合い

　同じ平面内にある円と直線の相対関係は，以下のように，3つのケースに分類して考えるのがいいでしょう.

　①　円と直線が交わる（共有点が2つ）

　②　円と直線が接する（共有点が1つ）

　③　円と直線が出会わない（共有点がない）

　このうち，円と直線が出会わないようでは幾何の問題になりにくいので，幾何で取り上げるのは，主として交わるか接する場合であることは言うに及びません. そして，直線が円と交わるとき，その直線を円の**割線**といい，接するときには**接線**と呼び，その共有点が**接点**です. では，円の割線や接線についての主な性質を挙げていきましょう.

（6）　Oを中心とする円周上の1点Pを通る直線があるとき，その直線が半径OPに垂直なら接線，垂直でなければ割線です.

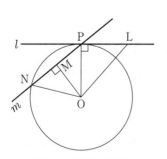

図 5.9　接線と割線

　当り前のことですが. 幾何らしく証明してみましょう. まず，図5.9のように円周上の点Pを通って半径OPに垂直な直線lに注目します. l上にP点とは重ならない点Lをとります. そうすると，

三平方の定理によって

$$OL > OP \tag{5.30}$$

であるので，L が円周の外側にあることを意味します．これは，P 点を除く l 上のすべての点について成立します．l が円周と共有する点は P 点だけなので，したがって l は接線です．

つぎに，点 P を通り OP に垂直ではない直線 m に注目してください．O から m へ垂線を下ろすと，その足 M は，P とは異なる位置にあります．そして，PM = MN となるような N 点を PM の延長線上にとれば

$$\triangle MPO \equiv \triangle MNO \quad (\text{SAS 合同}) \tag{5.31}$$

ですから，ON = OP であって，N は円周上にあります．したがって，直線 m と円周とは P と N の 2 点を共有していますから，m は割線です．

（7） 円外の一点から円へ 2 本の接線を引いたとき，その点から接点までの長さは同じです．また，この点と円の中心を結ぶ直線は，2 本の接線が作る角を 2 等分します．証明はやさしいので省略しますが，証明のための下絵を図 5.10 に描いておきましたので，各自でお楽しみください．

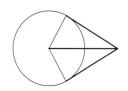

図 5.10 証明の下絵

（8） 言葉だけではイメージが湧きにくいので，図 5.11 を見ていただきましょう．円周上の A 点のところで接線 AT が接しています．また，A と B を結ぶ弦があります．このとき，AB と AT が作る角 $\angle$BAT は，その角の中にある弧 $\overgroup{AB}$ に対する円周角

118

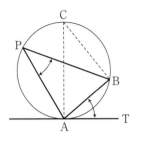

図 5.11　証明は容易

∠APB と同じです.

　証明はなんでもありません. 図に破線で記入してあるように, 円の中心を通る AC を 1 辺とする補助の三角形を書き加えてみてください. ∠ABC は (5″) によって∠R なので

$$\angle ACB = \angle R - \angle BAC$$
(5.32)

また　　$\angle BAT = \angle R - \angle BAC$ (5.33)

これらと (5′) によって

$$\angle BAT = \angle ACB = \angle APB$$
(5.34)

　[**例題**]　円周上の P 点から 1 つの直径 AB に垂線 PC を下ろすとともに, P と直径の一端 B を結びます. そうすると, P における接線と PB との角 α は, ∠BPC に等しいことを証明してください.

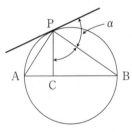

図 5.12　応用問題

　[**解答**]　(8) によって, 弧 BP に対する円周角 ∠PAB は, α と同じです.

いっぽう (5″) によって∠APB は∠R ですから

$$\triangle PAB \backsim \triangle CPB$$
(5.35)

故に　　$\angle PAB = \angle BPC$ (5.36)

したがって　　$\alpha = \angle BPC$ (5.37)

　(9)　こんどは**方べきの定理**[*2] と名付けられている重要な性質です. 図 5.13 のような定点 P を通る直線を引いて, A と B の 2 点

で円と交わらせます.
このとき, 直線をどの
ように引いても PA・
PB の値は一定になり
ます. P が円内の場合
も, 円外の場合もで
す.

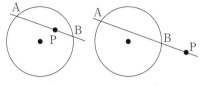

図 5.13　PA·PB は一定

　証明には図 5.14 を使います. P を通る任意の 2 本の直線が円と
交わる点を A, B および C, D として

$$PA \cdot PB = PC \cdot PD \tag{5.38}$$

であることを証明すれ
ば, 方べきの定理を証
明したことになるから
です. なお, P が円内
のときと円外のときに
共通するように, 証明
をすすめます. 円周角
一定の性質 (5′) を念頭

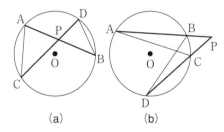

図 5.14　円内でも円外でも

におきながら, △PAC と △PDB に着目してください.

$$\angle CAP = \angle CAB = \angle CDB = \angle PDB \tag{5.39}$$

また　　$\angle APC = \angle BPD$ (5.40)

したがって　　$\triangle PAC \backsim \triangle PDB$ (5.41)

---

*2　べき (power) という用語は, ふつうは累乗を意味し, 同じ数や文字をな
　ん回か掛け合わせた積のことをいいますが, 広くは掛け合わせた値の意味
　にも使われるようです.

120

だから　　　　　　PA：PD ＝ PC：PB　　　　　　　　　　(5.42)

故に　　　　　　　PA・PB ＝ PC・PD　　　　　(5.38) と同じ

なお，点 P が円周上にある場合は，式(5.38) の両辺が 0 で等式が成り立つ場合に相当します．

［補足］　点 P を通る任意の直線が円 O と A，B で交わるとき，PA・PB は一定で，この値を点 P の円 O に対するべきといいます．円の半径を r とすると，べきの値は，P が円内なら $r^2 - OP^2$，円外なら $OP^2 - r^2$ です．

［例題］　任意の△ ABC において，各頂点から対辺へ垂線 Aa，Bb，Cc を下ろすと，3 本の垂線は 1 点で交わり，この点 P を△ ABC の垂心というのでした．このとき

$$PA \cdot Pa = PB \cdot Pb = PC \cdot Pc \tag{5.43}$$

であることを証明してください．

［解答］　△ ABb と△ ABa とは，斜辺 AB を共有する直角三角形ですから，A，B，a，b の 4 点は，AB を直径とする円の上にあります．したがって，方べきの定理によって

$$PA \cdot Pa = PB \cdot Pb \tag{5.44}$$

です．

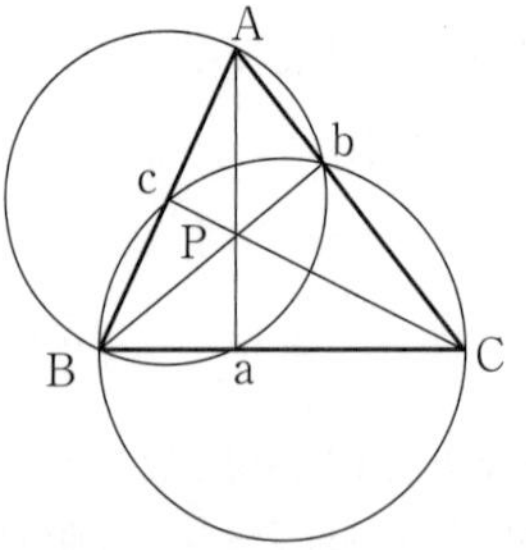

同様に，B，C，b，c の 4 点は BC を直径とする円の上にありますから

$$PB \cdot Pb = PC \cdot Pc \tag{5.45}$$

です．式(5.44) と式(5.45) から，式(5.43) が成立することは明ら

図 5.15　ありがたや方べきの定理

かです．ちなみに，方べきの定理を使わずに，この問題を証明して
みていただけませんか．この定理のありがたさが実感できようとい
うものです．

円と円とのからみ合い

2つの円の位置関係は，図5.16のように，5つのケースに分けて
考えるのがふつうです．社会現象としては，遥かに離れているの
と，ちょっとだけ離れているのとでは全く別の価値を持ったりしま
すが，幾何の立場からは同じなのです．

(10)　2つの円が交わるときには，その2つの交点は2つの円の
中心を結ぶ直線に対して対称の位置にあります．

証明するまでもないような事実ですが……．2つの円がLとN
で交わっているとすれば，線分LNは円Oにとっても，円O′に
とっても1つの弦です．この弦の中点Mから，弦LNの垂直二等
分線を立てると，それは中心Oを通るし，また中心O′も通ります．
しかも，MOとMO′は連続した1本の直線，つまり，両円の中心

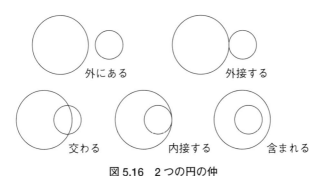

外にある　　　　　　外接する

交わる　　　　内接する　　　含まれる

図5.16　2つの円の仲

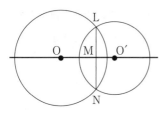

図 5.17　当り前ですが

を結ぶ直線です．そして，LN と OO′ は直交しているし，LM = MN ですから，L と N は OO′ に対して線対称です．

つぎは，2 つの円が互いに外にある場合です．この場合は，図 5.18 のように，両方の円に共通な接線を 2 種類も引くことができます．このときには，C_1 で交差するほうの接線を**共通内接線**，C_2 で交差するほうを**共通外接線**と呼んで区別します．そして，円の半径をそれぞれ r_1, r_2 とすると，C_1 は O_1O_2 を $r_1 : r_2$ に内分する点なので**2 円の相似の内心**といい，C_2 は O_1O_2 を $r_1 : r_2$ に外分する点なので**2 円の相似の外心**といいます[*3].

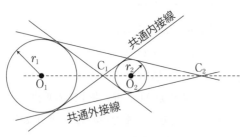

図 5.18　2 円の共通接線

また，この内心と外心を合わせて**2 円の相似の中心**といいます．67 ページに相似の位置という言葉がありましたが，円はすべて相似ですから，2 つの円がどのような相対位置にあっても，すべてが相似の位置なのです．

共通接線が交差する点が O_1O_2 を $r_1 : r_2$ に内分あるいは外分する

＊3　内分，外分については，48 ページ脚注を参照してください．

理由は，図 5.19 の相似な直
角三角形を見ていただけば一
目瞭然なので，くどいことは
申し上げません．

　[**例題**] 円と円とのからみ
合いの最後を飾って，レベル
の高い問題を解いて章の幕を
閉じようと思います．図 5.20
を見てください．3 つの円が，
ダンゴ 3 兄弟よりも密に，からみ
合っています．中央の大きい円を
中円，左のは左円，右のは右円と
呼ぶことにしましょう．そして，
中円と左円の交点を A と B，中
円と右円の交点を C と D，左円
と右円の交点を E と F とします．
このとき，3 本の直線 AB と CD
と EF が，1 点で交わることを証
明してください．

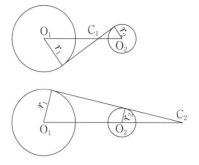

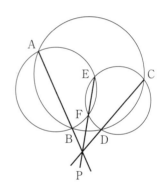

図 5.19　一目瞭然

図 5.20　不思議ですね

　[**解答**]　AB と CD の延長線の交点を P としましょう．そして，
P と F を結んだ直線を延ばすと左円とは E′ 点で交わり，右円とは
E″ 点で交わるとします．そうすると，左円についての方べきの定
理は

$$PF \cdot PE' = PB \cdot PA \qquad (5.46)$$

ですし，いっぽう，右円についての方べきの定理は

$$\mathrm{PF} \cdot \mathrm{PE''} = \mathrm{PD} \cdot \mathrm{PC} \qquad\qquad (5.47)$$

です. ところが, 中円についての方べきの定理は

$$\mathrm{PB} \cdot \mathrm{PA} = \mathrm{PD} \cdot \mathrm{PC} \qquad\qquad (5.48)$$

ですから

$$\mathrm{PF} \cdot \mathrm{PE'} = \mathrm{PF} \cdot \mathrm{PE''} \qquad\qquad (5.49)$$

でなければなりません. すなわち, E′ と E″ は同一の点であり, それを E 点とすれば証明終りです.

　なお, 三角形の5つの心は, いずれも3本の直線が1点で交わる**共点**であり, 共点は図形の不思議さや美しさを物語っているというようなことを書いたことがありました. いまの例題でも, 2つの円の交点を連ねた3本の直線が1点を共有して, 図形の妙をいかんなく発揮してくれています.

6. 軌跡から立体図形へ

—— 静から動へ，平面から立体へ ——

軌跡を追って

この章は，軌跡の話ではじまります．あいにくなことに，軌跡といっても，心の軌跡のように風情いっぱいの物語ではなく，車のわ・だ・ち・のような不粋なほうの軌跡です．

幾何学では，ある条件を満たしながら動く点が描き出す図形を軌跡と呼びます．たとえば，「1つの点から一定の距離を保ちながら動く点 P が作る軌跡は円である」というようにです．

ごく簡単な軌跡の実例を挙げてみましょう．図 6.1 において，A，B，O は定点，l と m は定直線，r は定距離であり，動点 P が動いて軌跡を描きます．

(a) 定点 A と B から等距離にある点の軌跡は，線分 AB の垂直二等分線です．つまり，「A と B から等距離にある」という条件を守りながら点 P を動かすと，線分 AB の垂直二等分線が描き出されます．

(b) 定直線 l から一定の距離 r にある点の軌跡は，l に平行な 2 直線であり，l からの距離はそれぞれ r です．

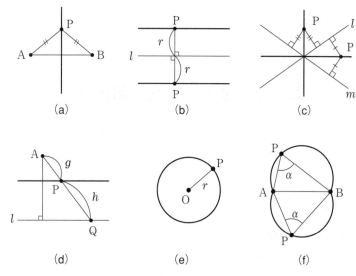

図6.1　P が動いて軌跡を描きます

（c）　互いに交わる 2 本の定直線 l と m から等距離にある点の軌
跡は，l と m が作る角を 2 等分する 2 本の直線です．

（d）　定点 A と定直線 l とがあり，l の上を点 Q が動きます．そ
のとき，線分 AQ を $g:h$ に分ける点 P が描く軌跡は，l に平行な
直線になります．図には内分する場合だけを描いてありますが，外
分する場合も l に平行な直線が生まれます．

（e）　定点 O から一定の距離 r を保ちながら動く点の軌跡は，い
わずと知れた，O を中心とする半径 r の円です．もちろん，円周の
意味です．

（f）　2 つの定点を A，B とするとき，$\angle\,\mathrm{APB} = \alpha$（定角）である

ような点Pの軌跡は2つの円弧となります.

いずれも当り前のことのように思われますが, きちんと証明する
には意外に神経を使います. なにしろ

① 与えられた条件を満たす点はすべてその図形の上にあること
   (必要条件)

② その図形上の任意の点はすべて与えられた条件を満たしてい
   ること(十分条件)

の両方を証明しなけれ
ばなりません. なぜか
というと, たとえばの
話, 「定直線 l から一
定の距離 r にある点の
軌跡」を考えるとき,
図 6.2(ア)のように l

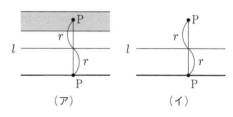

図 6.2 たとえばの話

の片側に幅のある帯状の図形を持っていると, ①は満たすけれど②
は満たさないし, 図6.2(イ)なら, ②は満たすけれど①は満たさな
い, というようなことが起こりかねないからです. もっとも, 証明
が「逆もまた真」の論理だけで進行する場合は, ①か②の片方を省
略しても問題ありませんが…….

実例として(c)の「互いに交わる2本の定直線 l と m から等距離
にある点の軌跡は, l と m が作る角を2等分する2本の直線」を証
明しておきましょう.

[(c)の証明] まず①のほう, つまり, l と m から等距離にある
点が二等分線上にあることを証明します. 参照していただく図は図
6.3(ア)です. l と m の交点 O から m に垂線 OR を立て, その長さ

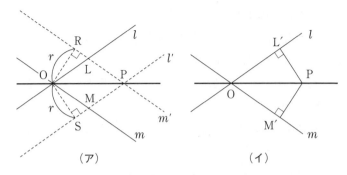

図6.3　おおぎょうな証明ですが

を任意の r にとります．R から OR に垂線を立て，それを m' とすれば m' は m に平行で，その距離は r です．同様にして l に平行で r だけ離れた l' をとり，m' と l' の交点を P としましょう．このとき

$$\angle \mathrm{ROL} = \angle R - \angle \mathrm{LOM} = \angle \mathrm{SOM} \tag{6.1}$$

故に　$\triangle \mathrm{ROL} \equiv \triangle \mathrm{SOM}$　（ASA 合同）$\tag{6.2}$

したがって，OL = OM なので，四角形 OLPM はひし形です．ひし形では2本の対角線が互いに相手を垂直に2等分します（95ページ）から，どの対角線も頂角を2等分します．だから，OP は l と m の作る角の二等分線です．r は任意に選んだのでしたし，P は l と m から等距離 r を保つ点ですから，これで①が証明されたことになります．

つぎは②のほう，つまり，二等分線上にある点は l と m から等距離にあることの証明ですが，こちらは簡単です．図6.3(イ)のように，l と m の作る角の二等分線上に点 P があるとします．そして，P から l と m に垂線を下ろし，その足を L′，M′ としましょう．そうすると，$\angle \mathrm{L'OP} = \angle \mathrm{M'OP}$ ですし，また，$\angle \mathrm{OL'P} = \angle \mathrm{OM'P}$

$= \angle R$, さらに OP は共通なので

$$\triangle \text{OL}'\text{P} \equiv \triangle \text{OM}'\text{P} \quad (\text{SAA 合同}) \tag{6.3}$$

故に　　　$\text{PL}' = \text{PM}'$　　　　　　　　　　　(6.4)

こうして, 二等分線上にある点は l と m から等距離にあることが証明できました. なお, l と m が作る角は4方向にありますが, 他の方向の角についても同様です. これで証明は終りですが, それにしても, おおぎょうですね.

　ただし, いつもおおぎょうであるとは限りません. たとえば「定点から一定の距離を保ちながら動く点の軌跡が円」というのは, まるで円の定義そのものですから, これ以上の証明は必要ないでしょう.

　なお, 軌跡という概念は, 一般的には「点が動いてできる跡」というように動的に理解されていますが, これに対して, 「定点から一定の距離にある点の集合が円」というように, 静的に解釈することもあります. そして, 図 6.1 (f) のような場合に, 動的にとらえるなら A 点と B 点は軌跡に含めるけれど, 静的にとらえるなら, A 点と B 点は軌跡に含めない……みたいな議論もありますが, ま, 数学の専門家を目指すつもりのない私たちとしては, 深入りする必要はないでしょう.

軌跡を推理して証明する

　この節では, いくつかの軌跡を求めてみようと思います. 軌跡を求める手順は, ふつうの幾何のときと少し異なることが多いのですが, なにはともあれ, 実例を見ていただきましょう.

　[例題1]　定点 A と, A を 含まない定直線 l があります. 正三

角形の1つの頂点は A にあり，他の1つの頂点が l の上を移動する
とき，残りの1つの頂点が描く軌跡を求めてください．

　[解答—まず，予測]　さあ，どこから手を着けましょうか．一般
的な幾何の問題では，与えられた図を見るか，題意を図に描きなが
ら証明法などを考えるのがふつうですが，この例題では証明の対象
となる軌跡がわかっていないので，証明用の図を描きようがありま
せん．そこで，まず軌跡の形に見当をつける必要があります．見当
をつけるには，実際に軌跡の略図を描いてみるのが近道です．

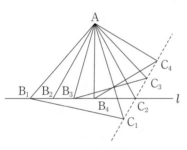

図 6.4　まず，予測する

　図 6.4 を見てください．A
に1つの頂点をおき，他の頂
点 B を l 上で移動させたとき
の頂点 C の軌跡を読みとる
ために，4つの正三角形を描
いてみました．すると，頂点
C の位置 C_1，C_2，C_3，C_4 は，
なんと直線上に並ぶような気
配が濃厚です．確かに，B の
位置がずっと右のほうへ移るにつれて，正三角形の頂点 C は右上
のほうへ限りなく伸び上がっていきます．逆に，B がずっと左のほ
うへ行くにつれて，C は左下のほうへ下がっていくことは確実です
から，C 点の軌跡が l と交差して上下に伸びるのも納得できます．
そこで，C 点の軌跡は l と交差する直線であると仮定しましょう．

　[解答—そして，証明]　図 6.5(ア)をご参照ください．A から l に
垂線を下ろし，その足を D としましょう．AD を1辺とする正三角
形を描いて新しい頂点を E とすると，この E は定点とみなすこと

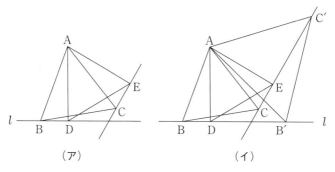

（ア）　　　　　　　　　　　（イ）

図6.5　そして，証明する

ができます．つぎに，l 上に任意の B 点をとり，AB を 1 辺とする
正三角形を描いて新しい頂点を C とし，E と C を直線で結びます．
そうすると，△ ABC ∽△ ADE なので AB：AD = AC：AE であ
るとともに

$$\angle \text{BAD} = \angle \text{CAE} \quad （ともに，60°- \angle \text{DAC}） \tag{6.5}$$

ですから，△ BAD ∽△ CAE となり，したがって

$$\angle \text{AEC} = \angle R \tag{6.6}$$

です．すなわち，B 点を l 上に任意にとったとき，E を通り AE に
垂直な線上に C 点があることがわかります．求める軌跡は，E を
通り AE に垂直な直線です．これで，必要条件のほうの証明を終り
ます．

　つづいて，十分条件のほうも証明せねばなりません．こんどは図
6.5(イ)のほうに目を移してください．直線 EC 上に任意の点 C′ を
とって，C′ と l 上の 1 点 B′ とで△ AB′C′ を作ったとき，それが正
三角形になるような B′ 点が決まることを確認しようと思います．

　まず，$\angle$ B′AC′ = $\angle$ BAC(= 60°)になるように，l 上に B′ をと

りましょう．ここで，△AEC′こと△ADB′に着目すると

$$\angle C'AE = \angle B'AD \quad (ともに, 60° - \angle EAB') \quad (6.7)$$

かつ $\quad \angle AEC = \angle ADB \quad (ともに, \angle R) \quad (6.8)$

故に $\quad \triangle AEC' \backsim \triangle ADB' \quad (6.9)$

したがって $\quad AC' : AB' = AE : AD \quad (6.10)$

さらに $\quad \angle B'AC' = \angle DAE \quad (6.11)$

式(6.10)と式(6.11)によって

$$\triangle AB'C' \backsim \triangle ADE \quad (6.12)$$

　ごらんのとおり，△AB′C′は，ちゃんと正三角形になっているではありませんか．これで，軌跡上の任意の1点C′が，与えられた条件を満たしていることを確認できました．

　実をいうと，三角形が正三角形でなくても，相似の形を保ったままAを中心に回転すれば，頂点Cの軌跡は直線を描きます．その証明は「60°」などというところ以外は，いまの証明がそのまま使えます．なお，頂点Cを辺ABの反対側にとったり，A点をlの反対側に移したりすれば，Cの軌跡の直線は，AD や l に対称な位置に移ることは，いうに及びません．

　[**例題2**]　2定点AとBからの距離の比が$m:n(m \neq n)$であるような点の軌跡を求めてください．

　[**解答―まず，予測**]　$m = n$なら，図6.1(a)のように，線分ABの垂直二等分線が描かれることを私たちは知っていますが，はて，$m \neq n$のときにはどうなるのか見当もつきません．仕方がありませんから，いくつかの点を作図してみて軌跡を予測しましょう．$m:n$を2：1として作業開始です．

　まず，図6.6のように，AとBの間にAC：BC＝2：1になるよ

うなC点をとると，このC点は所望の軌跡上の1点です．つぎに，
ACより少し大きめの半径 r_1 でAを中心に弧を描き，$r_1 : r_1' = 2 :$
1であるような r_1' を半径と
して，Bを中心に描いた弧と
の交点を P_1 とすれば，これ
ら軌跡の上の1点です．同様
に，半径の比を2：1に保っ
たまま，少しずつ半径を大
きくして交点を作っていく
と，P_2, P_3, P_4 などが現れて

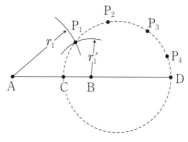

図6.6 まず，予測する

きます．そして，ABの延長線上では，AD：DB = 2：1となるよ
うなD点が，軌跡上の点であるはずです．そのうえ，CDに対して
P_1, P_2, P_3, P_4 に対称な点も，軌跡上に乗っているにちがいありま
せん．どうやら，所望の軌跡はCDを半径とする円のよう……．な
お，C点はABを2：1に**内分**する点，D点はABを2：1に**外分**す
る点と呼ばれることも思い出しておきましょう．

　[解答ーそして，証明]　では，2定点AとBからの距離の比が
$m : n (m \neq n)$ であるような点の軌跡は，ABを $m : n$ に内分する
点Mと外分する点Nを結ぶ線分MNを直径に持つ円であると仮定
して，この仮定が正しいことを証明していきましょう．

　図6.7を見ながら付き合ってください．PA：PB = $m : n$ になる
ような任意の点Pをとります．そうすると，47ページの記述と図
2.20を参照していただき，△PABにおいて

$$PA : PB = m : n = AM : MB \tag{6.13}$$

なので，PMは∠APBを2等分します．同様に

$$\text{AN} : \text{AB} = m : n \tag{6.14}$$

でもあるので，PN は △APB の外角 ∠BPL をも 2 等分します．そう
すると，図 6.7 からわかるように 2○ + 2× = 2π ですから，∠MPN
= ○ + × = ∠R です．したがって，P 点は MN を直径とする円周
の上にあります．これで証明の前半は終りです．

　こんどは逆に，P 点が MN を直径とする円周上の任意の 1 点で
あるとしましょう．そして，∠APM = ∠MPB になるような B 点
を MN 上にとりましょう．そうすると，P が円周上にあるので

$$\angle \text{MPB} + \angle \text{BPN} = \angle R \tag{6.15}$$

　故に　　$\angle \text{APM} + \angle \text{NPL} = \angle \text{MPB} + \angle \text{NPL} = \angle R$　　(6.16)

この両式を較べれば

$$\angle \text{BPN} = \angle \text{NPL} \tag{6.17}$$

というわけで，PN も ∠BPL の二等分線であることがわかり

$$\text{AM} : \text{MB} = \text{AP} : \text{PB} = \text{AN} : \text{NB} \tag{6.18}$$

であることが判明します．したがって，AP : PB = $m : n$ であれば

$$\text{AM} : \text{MB} = \text{AN} : \text{NB} = m : n \tag{6.19}$$

であり．MN を直径とする円周上の点 P は，所望の条件を満たし
ています．証明終り．

　なお，このような円は**アポロニウスの円**[*1] と呼ばれ，高校の参
考書などにも紹介されるほど知名度の高い円です．ついでに，M
(内分点)と N(外分点)は BC を**調和に分ける**といい，B，M，C，N

[*1]　ペルガのアポロニウス(Apollonius of Perga，B.C.262 年ごろ〜 B.C.190 年
ごろ)．古代ギリシアの数学者，『円錐曲線論』という全 8 巻からなる大著
を残していて，楕円(ellipse)，双曲線(hyperbola)，放物線(palabola)の名
称もアポロニウスが使った用語に由来するといわれています．

を**調和点列**または**調和列点**
ということも付記しておき
ましょう.

[**補足**]　2点から等しい
距離にある点の軌跡は直線
でした. また, 2点からの
距離の比が一定な点の軌跡
は円になるのでした. それ
なら, 2点からの距離の和
が一定である点は, どのよ
うな軌跡を描くのでしょう
か. 答えは**楕円**です. 図
6.8(a)のような2つの点F_1
とF_2(これを楕円の焦点と
いいます)からの距離の和
が一定な点Pは, $F_1 F_2$の
方向に長い楕円を描きま
す.

では, 2点からの距離の
差が一定の点の軌跡は, ど
うでしょうか. こんどは,
図6.8(b)のような**双曲線**
になります. 2つの定点F_1
とF_2が双曲線の焦点です.

ついでに, 1本の直線と,

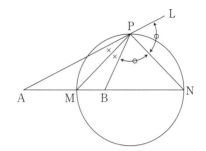

図6.7　アポロニウスの円

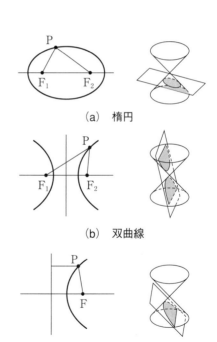

(a)　楕円

(b)　双曲線

(c)　放物線

図6.8　有名な軌跡

その線上にはない1点からの距離が等しい点の軌跡も見てください。こんどは図6.8(c)のような**放物線**が描かれます。この場合は、定点Fを焦点、直線のほうを単線と呼んでいます。

実をいうと、楕円、双曲線、放物線は、同じ母体から生まれています。図6.8に描いてあるように、円錐をやや斜めに切ったときの切り口が楕円、頂点どうしを突き合わせた両方の円錐に切り口が現れるなら双曲線、そして、円錐の母線に平行に切れば放物線が生まれるというわけです。さらに、円錐の軸に直角に切ると円になることも想像に難くありません。そこで、円、楕円、双曲線、放物線を**円錐曲線**と総称しています。

さらに、頂点どうしを突き合わした2つの円錐において、頂点どうしの接点の位置を横に切ると点にしかなりませんし、また、接点を通って縦に切断すると交差する2本の直線となります。そのうえ、このような視点から見た点や交差直線は、4種の円錐曲線と同じスタイルの方程式で表わすこともできるので、円錐曲線の仲間に入れて取り扱われることもあります。

なお、円錐曲線の方程式については、第8章で触れるつもりです。

軌跡から図形へ

点が動けば線ができる。すなわち、点の軌跡は線……。なんとなく、あたりまえの感じです。しかし、つぎのような場合はどうでしょうか。「定点Oから、一定の長さr以下の距離を保ちながら動く点Pの軌跡」を考えてください。

この章のはじめのところで「定点Oから一定の距離rを保ちな

から動く点の軌跡は，O を中心とする半径 r の円」と書き，この円
は円周の意味であると追記しました．ところが，「r 以下」の距離
のすべての範囲で点がこまめに動き回ると，円の内部のすべてが点
の軌跡で塗り潰されてしまいます．つまり，「r 以下」とすると点
の軌跡は円周ばかりでなく，円周に囲まれた全領域となってしまう
のです．

　似たような例は，いくらでも思いつきます．定点 A と B から等
距離にある点の軌跡は，線分 AB の垂直二等分線でしたが，定点
A からの距離が定点 B からの距離より小さい点の軌跡は，線分 AB
の垂直二等分線を含まず，それより A の側にあるすべての領域，
などというようにです．

　このように点が動いた軌跡が単なる線ではなく，平面の一部とな
ることも少なくありません．この場合には，軌跡という表現を避け
て「条件を満足する点の範囲」というように言われたりもします．

　ともあれ，常識的には点の軌跡は線です．そして，線が動けば面
ができます．線分が線分の方向だけに動いたような場合を除いてで
す．たとえば図 6.9(a) は，線分 AB が A′B′ の位置まで平行移動し
たら，平行四辺形 ABB′A′ が軌跡として残されたことを図示して
います．もちろん軌跡は，平
行四辺形の 4 辺と，その 4 辺
に囲まれた領域です．図 6.9
(b) は，円 O の円周が円 O′
の位置まで直線的に移動した
ときの軌跡です．移動した距
離が半径の 2 倍より小さいと

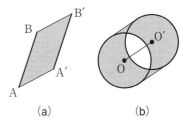

(a)　　　　　(b)

図 6.9 こういう軌跡もある

きには，中央に軌跡には含まれない空白が取り残されてしまうあた
りがご愛嬌です．

　ここまでは「軌跡」を平面上の事象として捉えてきましたが，さ
らに空間的な事象として捉えることもできます．その場合

（a）　定点 A と B から等距離にある点の軌跡は，線分 AB の垂直
　　　二等分面です．

（b）　定直線から一定の距離にある点の軌跡は，この定直線を軸

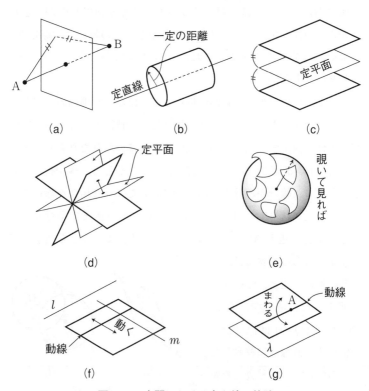

図 6.10　空間における点や線の軌跡

とする直円柱面です.

(c) 定平面から一定の距離にある点の軌跡は, これに平行な2平面です.

(d) 相交わる2平面から等距離にある点の軌跡は, この2平面が作る角を2等分する2つの平面です.

(e) 定点から一定の距離にある点の軌跡は球です. 紛れのないように書けば, 球面です.

(f) 定直線 l に平行で, 他の定直線 m に交わる直線の軌跡は, m を含んで l に平行な平面です.

(g) 定点 A を含んで定平面 λ に平行な直線の軌跡は, A を含んで λ に平行な平面です.

などなどが, 点や直線が空間内に作り出す軌跡として, もっとも基本的なものでしょう. さらに言えば, 円が斜上方へ直線的に動くと図 6.11 (a) のようなピサの斜塔のような図形が発生しますが, これも軌跡といえるでしょう. この場合, 動いた円が円周だけなら, 軌跡は円筒で底もふたもありませんが, 円に内部が含まれているなら, 中身がつまった円柱が軌跡として残ります.

また, 正方形が直線的に移動すると図 6.11 (b) のような直方体の軌跡ができるし, (c) には, 弓形 (109 ページ) が弦を軸として回転するとラグビーボールのような軌跡が生まれる様を描いてあります.

こうしてみると, 点の動き方によってさまざまな線

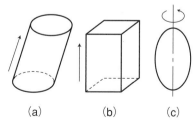

(a)   (b)   (c)

図 6.11 これも軌跡?

や面が軌跡として生まれるし，さらに，線や面の動き方によっては，ありとあらゆる図形が描かれることがわかります．しかし，これらをすべて軌跡とみるのは，まちがいではないにしても，実感に合致しません．この場合には，前にも述べたように運動の概念を捨てて集合の概念をとり，「条件を満足する範囲」あるいは「条件を満たす図形」として捉えるほうがいいでしょう．

立体の幾何学

点や線の軌跡を追っているうちに，いつの間にか立体図形の世界に足を踏み入れてしまいました．もともと幾何学は，平面内の図形を対象に築き上げられてきたので，初等幾何では平面幾何だけを取り扱うことが多いのですが，せっかくですから，空間内の図形を対象とする立体幾何のさわりの部分に触れてみようと思います．

立体空間（3次元空間）内の点，線，面の間には，つぎの関係があることに同意していただきます．

(1) 2点があれば，これらを結ぶ直線が決まる．

(2) 1直線と，その上にない1点とで，1つの平面が決まる．

(3) 1直線上にない3点で1つの平面が決まる．

(4) 1点で交わる2直線で1つの平面が決まる．

(5) 1平面上にある2直線は，交わるか平行である．交わりもせず平行でもない2直線は同一平面上にない．そのような2直線は**ねじれの位置**にあるという．

(6) 2平面が1点を共有するなら，2平面はこの1点を通る直線で交わる．共有点を持たない2平面は平行である．

(7)　平面と，それに含まれない直線とが交わらなければ，その
　　　平面と直線は**平行**である.

　いかがでしょうか. そう言われれば，そうだな，と思ったことで
しょう. それにしても，やはり平行にはずいぶん気を使っているで
はありませんか.

　これらの約束のもとに，立体幾何においても平面幾何のときと同
様な推論を重ねて，つぎつぎと定理を作り出したり，仮説を証明し
たりしていきます. そのごく一部を，たった2つの例題で見ていた
だこうと思います.

　[**例題1**]　図6.12のような，いかにも立体幾何らしい問題です.
平面 α 外の1点 A から α
に垂線を下ろして，その足
を B とします.

　また，平面 α 上にある直
線 l に B から垂線を下ろ
し，その足を C とします.
このとき，AC と l との作
る角が $\angle R$ になることを
証明してください.

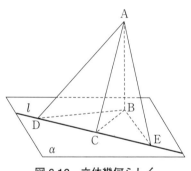

図 6.12　立体幾何らしく

　[**解答**]　直線 l の上に CD = CE であるように D と E をとって，
D と B, E と B を結び，△BCD と△BCE に注目しましょう. BC
は共通の辺，CD = CE, $\angle$ BCD = $\angle$ BCE(= $\angle R$)なので，

$$\triangle BCD \equiv \triangle BCE \quad (\text{SAS 合同}) \tag{6.20}$$

　故に　　BD = BE　　　　　　　　　　　　　　　　　　(6.21)

つぎに，△ABD と△ABE に注目します. $\angle$ ABD = $\angle$ ABE(=

∠R）であり，また，AB は共通，BD = BE なので

$$\triangle \text{ABD} \equiv \triangle \text{ABE} \quad (\text{SAS 合同}) \tag{6.22}$$

故に AD = AE $\tag{6.23}$

ここで，△ ADC と△ AEC に注目すれば

$$\triangle \text{ADC} \equiv \triangle \text{AEC} \quad (\text{SSS 合同}) \tag{6.24}$$

故に ∠ ACD = ∠ ACE $\tag{6.25}$

したがって，∠ ACD と∠ ACE は共に∠ R であり，すなわち，AC は直線 l に垂直です．

なお，この性質は**三垂線の定理**として知られています．AB が平面 α に対して垂線，BC が直線 l に対して垂線ならば，AC は直線 l に対して垂線だからです．

[**例題 2**] ねじれの位置にある 2 直線 l と m の両方に直交する直線は，ただ 1 本だけ存在します．その交点を A，B とすれば，線分 AB の長さは l 上の点と m 上の点の最短距離です．どうぞ，証明してください．

[**解答**] 証明のための仕掛けは図 6.13 です．まず，l に平行で m と交わる任意な直線を引き，この直線と m を含む平面 α を作ると，平面 α は直線 l に平行になります．つぎに，l 上の任意の点 C から平面 α に垂線 CD を下ろし，CD と l を含む平面 β を作ります．この平面 β は平面 α と直交します．そして，これらの交線を n とすると，n は l

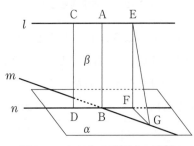

図 6.13 ねじれの位置の 2 直線

に平行なので m と交わりますから, その交点をBとします. つづいて, 平面 β 上でBから n に垂直に直線を立ち上げて, l との交点をAとします. そうすると, AB ∥ CD になりますから, AB は平面 α に垂直です. したがって, AB は n に垂直であるとともに, m にも垂直です. n は l に平行でしたから, 結局, AB は l と m の両方と直交します.

l と m の両方に直交する直線は, AB のほかにはありません. なぜなら, l と m に直交する直線は平面 α に垂直でなければならないので, CD に平行であるとともに m と交わる必要がありますが, そのような直線は, AB 以外には存在しないからです.

これで問題の前半を終り, 後半にすすみます. こんどは, l 上の任意の点Eと, m 上の任意の点Gとを結ぶ直線 EG を作ってみてください. 平面 β 上でEから AB に平行な直線を引いて, それが n と交わる点をFとします. そうすると, EF は平面 α に垂直ですから, △EFG は直角三角形であり, EG はその斜辺です. したがって, EF < EG, つまり, AB < EG です. EとGを任意にとっても常に AB のほうが小さいのですから, AB は l 上の点と m 上の点を結ぶ最短距離です. めでたし, めでたし……!

7. 幾何で有名な定理など

—— メネったり，チェバったり ——

三平方の定理こぼれ話

この節は「三平方の定理」の蒸し返しです．第2章では，三平方の定理そのものを証明するとともに，三平方の定理を使ってパップスの定理（中線の定理）や垂線の定理を証明することによって，それらの関係を明らかにもしました．ただ，三平方の定理が重要であるあまりに，その正面の姿ばかりをご紹介するにとどまり，裏の顔を覗き見る余裕がなかったのが心残りです．そこで，蒸し返せば味が落ちるのは承知のうえで，もういちど，三平方の定理のこぼれ話にお付合いいただくことにしました．

[第1話] 図7.1をごらんください．三平方の定理の説明では，37ページの図2.12のように，直角三角形の3辺の上にそれぞれ正方形を描いて，それらの面積 a^2, b^2, c^2 の間に

$$a^2 = b^2 + c^2 \tag{7.1}$$

の関係があることを図示するのがふつうです．これらの面積を A, B, C で表わすなら

$$A = B + C \tag{7.2}$$

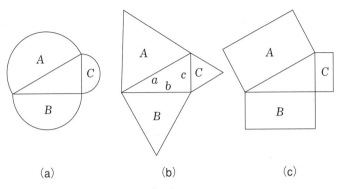

(a)　　　　　　(b)　　　　　　(c)

図 7.1　どれも A = B + C

ということです．この関係は，A，B，C がそれぞれ正方形でなく
ても，図 7.1 のように，半円でも，正三角形でも，そればかりか，
それぞれが相似でありさえすれば，どんな図形でも成立します．そ
の理由は簡単です．面積の大きさは，どのような図形でも 1 辺の長
さの 2 乗に比例するからです．たとえば，図 7.1(a) の場合

$$\left.\begin{array}{l} A = 直径\,a\,の半円の面積 = a^2\pi/8 \\[4pt] B = 直径\,b\,の半円の面積 = b^2\pi/8 \\[4pt] C = 直径\,c\,の半円の面積 = c^2\pi/8 \end{array}\right\} \qquad (7.3)$$

ですから，式 (7.1) が成り立ちさえすれば

$$a^2\pi/8 = b^2\pi/8 + c^2\pi/8 \qquad (7.4)$$

が成り立つのは当然のことです．

　[第 2 話]　三平方の定理は，直角三角形についてだけ成立する
関係でした．では，一般の三角形のときにはどうなるのかと気にな
ります．そこで，ユークリッド先生が三平方の定理を証明したとき
の考え方 (39 ページの図 2.14) の後を追いながら，一般の三角形む

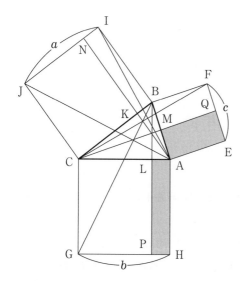

図7.2　三平方より，ちと面倒ですが

きの定理を作り出して
みましょう.

　図7.2は少しごみご
みしていますが，筋書
きは三平方の定理のと
きの二番煎じです. ま
ず，ぺちゃんこな三角
形 △BFC と △BIA と
に注目してください.
両方の三角形に着色す
ると見やすいかもしれ
ません. この2つの三
角形では，BI = BC，
BA = BF，∠IBA =

∠CBF（ともに，∠R + ∠ABC）ですから

$$\triangle BFC \equiv \triangle BAI \quad (\text{SAS 合同}) \tag{7.5}$$

です. ところが，△BFC は底辺が BF で高さが FQ の三角形です
から，その面積は □BFQM の 1/2 です. いっぽう，△BIA のほう
は底辺が BA で高さが IN ですから，その面積は □BINK の 1/2 で
す. したがって，面積が等しいことを = で表わすと

$$\square BFQM = \square BINK \tag{7.6}$$

となります.

　つぎに，△CAJ と △CBG に着目して，同様な筋書きを追ってみ
てください. 容易に

$$\square CGPL = \square CKNJ \tag{7.7}$$

が得られるでしょう. ところが, 式(7.6)と式(7.7)の右辺どうしを加え合わせると □CBIJ ですから

$$\square BFQM + \square CGPL = \square CBIJ = a^2 \qquad (7.8)$$

であることが判明します.

ここで. もういちど図7.2をごらんください. 式(7.8)に参加できなかったのは, 図にアミかけした2つの長方形の面積です. つまり, a^2 は $b^2 + c^2$ よりアミかけした□ AEQM +□ AHPL のぶんだけ不足していて

$$a^2 = b^2 + c^2 - \square AEQM - \square AHPL \qquad (7.9)$$

であることを知ります. ここで, ∠BAC を∠A と略記するなら, 図からわかるように

$$AM = b \cdot \cos \angle A, \quad AL = c \cdot \cos \angle A \qquad (7.10)$$

ですから, アミかけした2つの長方形の面積は

$$\left.\begin{array}{l} \square AEQM = cb \cdot \cos \angle A \\ \square AHPL = bc \cdot \cos \angle A \end{array}\right\} \qquad (7.11)$$

です. これらを式(7.9)に代入すると, ∠A を単に A と書いて

$$a^2 = b^2 + c^2 - 2bc \cdot \cos A \qquad (7.12)$$

という公式に到達します. これは, 2つの辺とその夾角によって第3の辺の長さを求めるための**余弦定理**そのものではありませんか. どこかで余弦定理に出会ったときには, この節でご紹介した出生の秘密を思い出してくださいね.

[**第3話**] 図7.3の辺 AB の上に, 任意な平行四辺形 ▱ABED を乗せてあります. 任意平行四辺形ですから, ひし形でも長方形でも正方形でもかまいません. また, 辺 AC の上にも任意の平行四辺形 ▱ACGF を乗せてあります. もちろん, 辺 AB 上の平行四辺

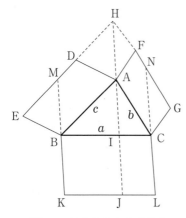

図 7.3　こんなこともできる

形と相似である必要はありません．このとき，辺 AB 上と辺 AC 上の 2 つの平行四辺形を合わせた面積を持つ平行四辺形を，辺 BC 上に作り出そうと思います．どうしたらいいでしょうか．

作図は簡単です．ED の延長線と GF の延長線の交点を H としましょう．H と A を結んで延長し，辺 BC との交点 I を作り，さらに延長して IJ = HA となるように J を決めてください．そして，IJ に平行かつ同じ長さの BK と CL を引くと ⌁BCLK ができ上がります．なんと，この平行四辺形は，斜辺上の 2 つの平行四辺形を合わせた面積と同じ面積を持つのです．

これが本当であることを証明しておきましょう．KB を延長して ED との交点を M とすると

$$\square ABED = \square ABMH \tag{7.13}$$

です．なぜなら，両方とも底辺が AB で．高さが AB と EH 間の距離と同じだからです．さらに

$$\square ABMH = \square BIJK \tag{7.14}$$

です．なぜなら，こんどは同じ長さの HA と IJ をそれぞれ底辺とし，高さが HJ と MK の間の距離とする平行線どうしだからです．そうすると，式 (7.13) と式 (7.14) によって

$$\square ABED = \square BIJK \tag{7.15}$$

になります. つまり, 辺 AB 上の平行四辺形と, 辺 BC 上の平行四辺形のうち, IJ より左側の面積が等しいのです. 同様にして

$$\square \text{ACGF} = \square \text{CIJL} \tag{7.16}$$

のほうも苦もなく証明できますから, 式(7.15)と式(7.16)から

$$\square \text{ABED} + \square \text{ACGF} = \square \text{BCLK} \tag{7.17}$$

であることが確認できました.

図 7.3 の方法は, もっとも短い辺の上に, 他の 2 辺上の面積を作り出す場合にも, 鈍角を含む三角形の場合にも使えますので, なにかの折にご利用ください.

[**クイズ**] 図 7.4 において, S は直角三角形の面積, U は b を直径とする半円から a を直径とする弓形を差し引いたあとに残る月形の面積, V は辺 c の上の同様な月形の面積です. これらの間に

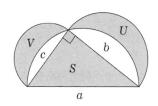

図 7.4 ヒポクラテスの定理

$$U + V = S$$

の関係があることを証明してください. 答えは 150 ページ脚注[*1]にあります.

なお, この関係は**ヒポクラテスの定理**[*2]と呼ばれ, このような月形は**ヒポクラテスの月形**といわれます. この定理は, ギリシアの三大難問のひとつ「与えられた円と同じ面積の正方形」に挑戦しているときに, 副産物として生まれたといい伝えられています.

---

*2　ヒポクラテス(Hippocrates, B.C.470 年ごろ～ B.C.410 年ごろ. 諸説あります). ギリシアの数学者.

メネラウスの定理

ゆきずりの三角形と直線が偶然に交わります. そして, 絶妙な
ハーモニーを奏でます. その不思議さを, ぜひ見てください.

任意の三角形 ABC の3辺およびその延長線と, 任意の直線 l と
の交わり方にはいろいろなタイプがあります. そのうち, 直線が三
角形の頂点を通ってしまうとか, 直線が三角形の1辺と平行(重な
る場合を含む)に並ぶとかは例外的なタイプですから, これらは除
外することにしましょう. そうすると, 三角形と直線の交わり方
は, 図 7.5(a)のように三角形の2辺と1辺の延長線を直線が横切る
か, 図 7.5(b)のように三角形の3辺の延長線を直線が横切るかのど
ちらかです.

そこで, 両方の場合に共通に, AB と l との交点を L, BC と l と
の交点を M, CA と l との交点を N としましょう. そうすると, ど
ちらの場合についても

$$\frac{\text{LA}}{\text{LB}} \cdot \frac{\text{MB}}{\text{MC}} \cdot \frac{\text{NC}}{\text{NA}} = 1 \qquad\qquad (7.18)^{*3}$$

---

*1 [149 ページのクイズの答え]

$\quad U + V = (b \text{ を直径とする半円}) + (c \text{ を直径とする半円})$

$\qquad\qquad + S - (a \text{ を直径とする半円})$

$\qquad = \dfrac{1}{2}\left(\dfrac{b}{2}\right)^2 \pi + \dfrac{1}{2}\left(\dfrac{c}{2}\right)^2 \pi + S - \dfrac{1}{2}\left(\dfrac{a}{2}\right)^2 \pi$

$\qquad = \dfrac{\pi}{8}(b^2 + c^2 - a^2)\pi + S$

三平方の定理によって, $a^2 = b^2 + c^2$ だから, $b^2 + c^2 - a^2 = 0$ なので

$\qquad U + V = S$

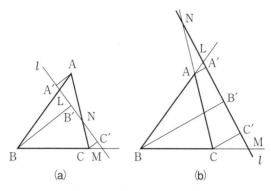

図7.5　三角形と交わる直線

という整然とした関係が成立することが知られています. これを**メ
ネラウスの定理**[*4] というのですが, 任意の三角形と任意の直線が
適当に交わっただけなのに, 見事に調和のとれた関係が生まれてし
まうところが不思議ではありませんか.

　式(7.18)は整然としているなとは思うものの, 整然としすぎてい
て, 特徴がつかみにくいかもしれません. しかし, よく見ると, L,
M, N は分子と分母にそのままの順序で並んでいるし, A, B, C

[*3]　直線の方向性を考慮する必要があるときには, 方向の決め方によっては
　　右辺が−1になります. ふつうの参考書では, 直線の方向性を考慮する場
　　合に備えて

$$\frac{AL}{LB} \cdot \frac{BM}{MC} \cdot \frac{CN}{NA} = 1 \qquad\qquad (7.18) もどき$$

　　と書くことか多いのですが, この本では視覚的なわかりやすさを優先しま
　　した.

[*4]　アレクサンドリアのメネラウス(Menelaus of Alexandria, 70 年ごろ〜
　　130 年ごろ). ギリシアの数学者で, 球面幾何などに業績を残している.

のほうは分子には A，B，C と並び，分母には 1 つずつずれて B，C，A と並んでいるのですから，覚えるのもむずかしくはないでしょう.

では，なぜこのような秩序が生まれたかを知るために，式(7.18) を証明しておきましょう.

図 7.5 の(a)と(b)を共通に使います．三角形の頂点 A，B，C からそれぞれ直線 l に垂線を下ろし，その足を A′，B′，C′ とします．そうすると，AA′ ∥ BB′ ∥ CC′ですから

$$\left. \begin{array}{lll} \triangle \text{LAA}' \backsim \triangle \text{LBB}' & \text{なので} & \dfrac{\text{LA}}{\text{LB}} = \dfrac{\text{AA}'}{\text{BB}'} \\[2em] \triangle \text{MBB}' \backsim \triangle \text{MCC}' & \text{なので} & \dfrac{\text{MB}}{\text{MC}} = \dfrac{\text{BB}'}{\text{CC}'} \\[2em] \triangle \text{NCC}' \backsim \triangle \text{NAA}' & \text{なので} & \dfrac{\text{NA}}{\text{NC}} = \dfrac{\text{CC}'}{\text{AA}'} \end{array} \right\} \quad (7.19)$$

したがって

$$\frac{\text{LA}}{\text{LB}} \cdot \frac{\text{MB}}{\text{MC}} \cdot \frac{\text{NA}}{\text{NC}} = \frac{\text{AA}'}{\text{BB}'} \cdot \frac{\text{BB}'}{\text{CC}'} \cdot \frac{\text{CC}'}{\text{AA}'} = 1 \qquad (7.20)$$

これで証明は終りです．あっけない証明でしたけれど，その途中で，3 本の垂線で作り出された三角形どうしが相似となることから，秩序誕生の雰囲気を感じていただけたかもしれません.

なお，メネラウスの定理は逆も成立します．すなわち，△ ABC において，AB，BC，CA およびその延長線にそれぞれ 3 点 L，M，N があり，この 3 点のどれもが三角形の頂点と一致せず，かつ

$$\frac{\text{LA}}{\text{LB}} \cdot \frac{\text{MB}}{\text{MC}} \cdot \frac{\text{NC}}{\text{NA}} = 1 \qquad\qquad \text{(7.18)と同じ}$$

ならば，L，M，N は一直線上にあります．こういうとき，L，M，

N は**共線**であるといいます．なお証明
は，メネラウスの定理の証明を横から眺
めたような筋書きですから，省略しま
しょう．

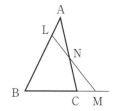

図7.6　見えすいた例題

　［**応用例**］ごく簡単な例題をひとつ
……．図 7.6 において，NC = NA，MB
= 3MC であるとき，LA と LB の比は
いくらでしょうか．

　メネラウスの定理を知ってさえいれば，答えを求めるのは容易で
す，式(7.18)を変形して，与えられた条件を代入すれば

$$\frac{\text{LA}}{\text{LB}} = \frac{\text{MC}}{\text{MB}} \cdot \frac{\text{NA}}{\text{NC}} = \frac{1}{3} \cdot \frac{1}{1} = \frac{1}{3} \tag{7.21}$$

となって，終りです．

　ただし，メネラウスの定理は，このように見えすいた例題を解く
のに役立つばかりではありません．その真価は，つぎの節から徐々
に発揮されてくる予定です．

　［**補足**］　任意の四角形 ABCD の 4 辺 AB，BC，CD，DA，また
はその延長線と，任意の直線が交わる点を L，M，N，P とすれば

$$\frac{\text{LA}}{\text{LB}} \cdot \frac{\text{MB}}{\text{MC}} \cdot \frac{\text{NC}}{\text{ND}} \cdot \frac{\text{PD}}{\text{PA}} = 1 \tag{7.22}$$

が成立します．もっと角の多い多角形でも同様です．すごいですね．

チェバの定理

　こんどは，ゆきずりの三角形と 1 つの点の物語です．任意の三角

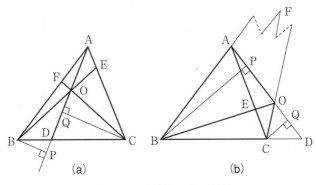

図 7.7　三角形と一点の関係

形 ABC と任意の点 O があるとしましょう．点 O は三角形の 3 辺
やその延長線上になければ，図 7.7(a) のように三角形の内側にあっ
てもいいし，図 7.7(b) のように三角形の外側にあってもかまいませ
ん．

　その点 O と頂点 A を結ぶ直線 OA（延長線を含む）が，対辺 BC（延
長線を含む）と交わる点を D とし，同様に，OB が CA と交わる点
を E，OC が AB と交わる点を F とすると

$$\frac{FA}{FB} \cdot \frac{DB}{DC} \cdot \frac{EC}{EA} = 1 \tag{7.23}[*5]$$

という関係が成立します．これを**チェバの定理**[*6] といいます．151
ページのメネラウスの式 (7.18) と見較べていただけませんか．「三

---

*5　直線の方向性を考慮する必要があるときには，方向の決め方によって右
　　辺が −1 になることは式 (7.18) と同じです．なお，式 (7.23) の F を L，D を M，
　　E を N と書くと式 (7.18) とぴったり同じになり気持ちがいいのですが，そう
　　すると，両式をいっしょに使うときに混乱するので，別の文字を使ってあ
　　ります．

角形と線」と「三角形と点」の間に，どうしてこれほど類似の法則が成り立つのかと，改めてその神秘さを思い知らされてしまいます．

チェバの定理は，その逆も成立します．すなわち，△ABC の辺 AB，BC，CA 上にそれぞれ点 F，D，E をとったとき，式 (7.23) が成立すれば，AD，BE，CF は1点で交わります．つまり，この3線は共点です．では，チェバの定理を証明しておきましょう．ちょっとした理由があって，2とおりの証明をご紹介します．

　［証明－その1］　点 O が三角形の内側にある図 7.7(a) と，外側にある (b) とを共通に使います．なお (b) では，BA の延長線と CO の延長線との交点 F が紙面からはみ出しそうなので，途中をはしょってありますが，あしからず．

まず，△ABO と△ACO に注目してください．この2つの三角形は辺 AO を共有しています．そして，辺 AO をそれぞれの底辺とみなすと，△ABO の高さは BP，△ACO の高さは CQ です．ところが，△BPD と△CQD は3つの角どうしが等しい相似ですから

$$BP : CQ = DB : DC \tag{7.24}$$

です．そうすると，△ABO と△ACO の面積の比は

$$\triangle ABO : \triangle ACO = DB : DC \tag{7.25}$$

同様に，他の三角形に注目して面積の比を求めると

$$\triangle ACO : \triangle BCO = FA : FB \tag{7.26}$$

$$\triangle BCO : \triangle ABO = EC : EA \tag{7.27}$$

これらの3式を総合すると

6　ジョバンニ・チェバ (Giovanni Ceva. 1647 年～1734 年)．イタリアの数学者．

$$\frac{FA}{FB} \cdot \frac{DB}{DC} \cdot \frac{EC}{EA} = \frac{\triangle ACO}{\triangle BCO} \cdot \frac{\triangle ABO}{\triangle ACO} \cdot \frac{\triangle BCO}{\triangle ABO} = 1 \quad (7.28)$$

となって，式(7.23)の証明ができました.

　[証明−その2] こんどは，△ABD を直線 FC が横切っているとみなして，メネラウスの定理を適用してみてください.

$$\frac{FA}{FB} \cdot \frac{CB}{CD} \cdot \frac{OD}{OA} = 1 \quad\quad\quad\quad (7.29)$$

となります. また，△ACD を直線 EB が横切っているとみなせば

$$\frac{EA}{EC} \cdot \frac{BC}{BD} \cdot \frac{OD}{OA} = 1 \quad\quad\quad\quad (7.30)$$

です. そこで，式(7.30)の分子と分母を逆転させて式(7.29)と掛け合わせてください. あっという間に

$$\frac{FA}{FD} \cdot \frac{DB}{DC} \cdot \frac{EC}{EA} = 1 \quad\quad\quad\quad (7.23)と同じ$$

となって，チェバの定理の証明を完了します.

　図7.7で確認していただくまでもなく，AD，BE，CF の3本の線は，点 O を共有しますから，共点です. 実をいうと，メネラウスの定理は，チェバの定理とともに，共点や共線を含む問題にめっぽう強く，それがこれらの定理のうりなのです. その一部をご紹介したくて［証明−その2］を設けました.

　[チェバの定理の逆と証明] △ABC において，直線 AB，BC，CA またはその延長線上（頂点を除く）にそれぞれ点 F，D，E があるとき，式(7.23)が成り立つならば，AD，BE，CF またはその延長線は1点で交わります.

　証明は，つぎのとおりです. F，D，E のうちの1つは必ず△

ABC の辺上にありますから，E が辺 AC 上にあると仮定しても一般性は失われません．このとき，もし，AD と CF が交わっていれば，その交点を O としましょう．そして，B から O を通って AC に交わる直線を引き，その交点を E′ とします．そうすると，チェバの定理によって

$$\frac{FA}{FB} \cdot \frac{DB}{DC} \cdot \frac{E'C}{E'A} = 1 \qquad (7.31)$$

が成り立つはずです．私たちは式(7.23)が成り立つという仮定をもらっていますから，式(7.31)と式(7.23)を見較べていただくと

$$\frac{EC}{EA} = \frac{E'C}{E'A} \qquad (7.32)$$

でなければ納まりません．ところが，E と E′ はいずれも辺 CA の上にあるのですから，E = E′ です．これは，BO を延長した直線が AC と E で交わることを意味しますから，AD，BE，CF が1点 O で交わることの証しです．

[応用例―その1] 三角形には重心，垂心，内心，外心，傍心という5つの心があるのでしたが，これらはいずれも3本の直線の交点でした．つまり，3本の直線が共点の仲間だったのです．そうなると，共点にはめっぽう強いチェバの定理が乗り出さないわけにいきません．

三角形の3本の中線（頂点から対辺を2等分するように引いた直線）は1点で交わり，その点を重心というのでした．そこで，3本の中線が共点であることを証明してみます．

図7.8のように記号を決めると

$$FA = FB, \quad DB = DC, \quad EC = EA \qquad (7.33)$$

なのですから

$$\frac{FA}{FB} \cdot \frac{DB}{DC} \cdot \frac{EC}{EA} = 1 \qquad (7.23)\text{もどき}$$

以外のなにものでもありません．したがって，チェバの定理の逆によって，3 直線は共点です．

[**応用例ーその 2**]　前の応用例があまりにも簡単すぎたので，もうひとつ試してみましょう．こんどは，頂角の二等分線 3 本が 1 点で交わり，内心を作ることを証明します．

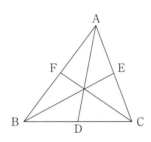

図 7.8　3 本の中線（重心）

図 7.9 を見てください．こんどは，48 ページで知ったように

$$\frac{DB}{DC} = \frac{AB}{AC}, \quad \frac{EC}{EA} = \frac{BC}{BA}, \quad \frac{FA}{FB} = \frac{CA}{CB} \qquad (7.34)$$

でしたから

$$\frac{FA}{FB} \cdot \frac{DB}{DC} \cdot \frac{EC}{EA} = \frac{CA}{CB} \cdot \frac{AB}{AC} \cdot \frac{BC}{BA} = 1 \qquad (7.35)$$

したがって，チェバの定理の逆によって，AD，BE，CF の 3 直線は 1 点で交わります．

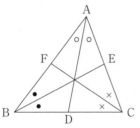

図 7.9　3 本の二等分線（内心）

垂心や傍心についてもチェバの定理の逆を使って証明できますから，暇があったら挑戦していただけませんか．第 2 章のときのように図形を追って証明するほうが，幾何らしくて楽しいや，などとおっしゃらない

で……．

　[**応用例－その3**]　図 7.10
のような四角形 ABCD があ
ります．どの3つの辺とその
延長線をとっても，共通では
ない4つの辺に囲まれた，**完
全四辺形**といわれている四角
形です．その対角線 AC と
BD の交点を O とし，BA と
CD の延長線の交点を E とし

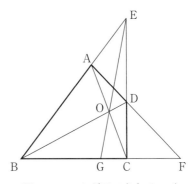

図7.10　こんどはメネとチェバ

ます．そして，E と O を結んで延長し，BC との交点を G とします．
さらに，AD と BC の延長線の交点を F としましょう．そうすると，
G と F は BC を調和に分ける（135ページ）ことを証明してください．
　まず，△BCE を直線 AF で切っているとみなして，メネラウス
の定理をあてはめましょう．151 ページの図 7.5 とは記号の一部が
変っていることに注意すると

$$\frac{FB}{FC} \cdot \frac{DC}{DE} \cdot \frac{AE}{AB} = 1 \tag{7.36}$$

となります．つづいて，△BCE にチェバの定理をあてはめてくだ
さい．

$$\frac{GB}{GC} \cdot \frac{DC}{DE} \cdot \frac{AE}{AB} = 1 \tag{7.37}$$

この両式の左辺第2項と第3項は同じですから，両式が同時に成り
立つためには

$$\frac{FB}{FC} = \frac{GB}{GC} \qquad\qquad (7.38)$$

のはずです．したがって

$$BG : CG = BF : CF$$

すなわち，GとFはBCを調和に分けています．

　余談ですが，だいぶ以前，受験を控えた高校生の投書が新聞に載っていました．普通に解けばなん十分もかかる数学のパズルが，メネラウスやチェバの定理を使うといとも簡単に解けるので感動しました．ぼくもおおいに「メネってみよう」，「チェバってみよう」と思います……という趣旨でした．いま，この高校生がどうしているのか，会ってみたいとさえ思います．

デザルグの定理

　こんどは三角形どうしです．ただし，ゆきずりではなく，2つの三角形△ ABC と△ A′B′C′の間には固い絆があるとします．対応する頂点どうしを結んだ3本の直線 AA′，BB′，CC′（いずれも延長線を含む）が共点です．つまり，3本の直線が1点Oで交わるという，絆で結ばれた2つの三角形どうしの話です．

　このような絆がある場合，この2つの三角形には，さらに驚くべき奇縁があります．図7.11のように，対応する3組の辺どうしの交点，すなわち，AB と A′B′の交点P，BC と B′C′の交点Q，CA と C′A′との交点Rが，一直線上に並ぶのです．つまり，対応する辺どうしの交点が共線になっているわけです．不思議な縁だと思いませんか．これらの法則は，その逆も成立し，合わせて**デザル**

グの定理[*7] と呼ばれ
ています.

　この定理は，いまで
はメネラウスの定理を
使って簡単に証明でき
ることが知られていま
す．その流れを見てい
ただきましょう.

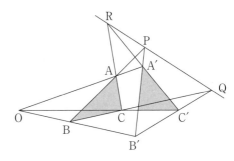

図 7.11　これは不思議

　まず，図 7.11 の
△OBC と直線 B′C′Q に対して，メネラウスの定理を適用してくだ
さい．とはいうものの，メネラウスの定理の式 (7.18) をご紹介した
ときの図 7.5 (b)（151 ページ）と今回の図 7.11 とでは，三角形の形や
直線の位置も，記号の配置も異なるので，メネラウスの定理がすん
なりとは適用できま
せん．そこで，まこ
とに愚直ではありま
すが，図 7.12 のよ
うに両者を並べて見
較べながら，メネラ
ウスの式を適用する
ことにしましょう.

　図 7.12 の左側は
図 7.5 (b) と同じで，

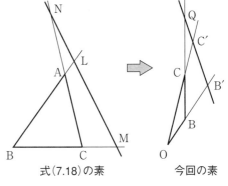

式 (7.18) の素　　　　今回の素

図 7.12　まちがえずに変換

162

ここから式(7.18)が生まれたのでした．右側が，いま式(7.18)を適用しようとしている△OBCと直線B′C′Qです．こうしてみると，式(7.18)の記号が，今回は

$$B \to O, \quad A \to C, \quad C \to B$$

$$L \to C', \quad M \to B', \quad N \to Q$$

に変っていることがわかります．それなら，メネラウスの式(7.18)は

$$\frac{LA}{LB} \cdot \frac{MB}{MC} \cdot \frac{NC}{NA} \to \frac{C'C}{C'O} \cdot \frac{B'O}{B'B} \cdot \frac{QB}{QC} = 1 \qquad (7.39)$$

に変って表現されるはずです．

つぎに，図7.11の△OACと直線RA′C′に対しても，メネラウスの定理を適用してください．愚直な作業の部分は省略しますが，作業を実行すると

$$\frac{A'A}{A'O} \cdot \frac{C'O}{C'C} \cdot \frac{RC}{RA} = 1 \qquad (7.40)$$

となるはずです．つづいて，△OABと直線PA′B′に対してもメネラウスの定理を適用すると

$$\frac{A'A}{A'O} \cdot \frac{B'O}{B'B} \cdot \frac{PB}{PA} = 1 \qquad (7.41)$$

が得られます．

ここで，式(7.39)と式(7.40)を掛けて，式(7.41)で割ってください．うまいぐあいに分子と分母の項が消し合って

$$\frac{QB}{QC} \cdot \frac{RC}{RA} \cdot \frac{PA}{PB} = 1 \qquad (7.42)$$

の形に整理されます．この形になればしめたもの……．メネラウス

の定理の逆によって，QとRとPは一直線上に並んでいるということができます．これで，デザルグの定理の証明が終りました．

　ここでは，平面上の図形についてデザルグの定理を証明しました．が，実は，デザルグの定理は，立体空間においても成立します．奥ゆきの深い広大な大空に2つの巨大な三角形をイメージして，そこでもデザルグの定理が成立する立体図形を想像してみていただけませんか．悩みなどふっとんでしまうことでしょう．

　また，デザルグの定理は初等幾何の問題としてよりは，射影幾何の出発点となる基本定理として有名です．この点を含めて，第11章でデザルグの定理をもういちど取り上げる予定です．

シムソンの定理

　取合せが，つぎつぎと変ります．こんどは任意の三角形と外接円の組合せです．△ABC があります．その外接円上に任意の点Pを決めます．Pから辺 AB（延長線を含む．以下，同じ）に垂線を下ろし，その足をDとします．同じように，Pから辺 BC に下ろした垂線の足をE，Pから辺 CA に下ろした垂線の足をFとすると，D，E，Fは共線です．つまり，一直線上に並びます．この法則を**シムソンの定理**[*8]といい，その一直線は**シムソン線**と呼ばれています．

　シムソンの定理は，その逆も成立します．すなわち，△ABC の外側にある点Pから辺 AB，BC，CA または，それらの延長線に

[*8] ロバート・シムソン（Robert Simson, 1687年～1768年）．イギリスの数学者で初等幾何の研究が多い．この定理はシムソンによって発見され，ウォーレスによって証明されたといわれています．

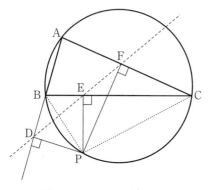

図 7.13　シムソン線が出現

下ろした垂線の足を D，E，F とするとき，D，E，F が一直線上にあれば，点 P は △ABC の外接円の上にあります．

　シムソンの定理は，つぎのように証明されます．図 7.13 を参照しながら付き合ってください．

　まず，∠PEB = ∠PDB = ∠R ですから，B，D，P，E の 4 点は BP を直径とする円周上にあります．実は，その円を図 7.13 の中に描いてみたところ，図が混みいって見ずらくなったので，実際には省いてしまいました．すみませんが，イメージで円を補っていただきたいと存じます．

　さて，B，D，P，E の 4 点が同じ円周上にあるなら

$$\angle PED = \angle PBD（ともに弧 DP の上に立つ円周角）\quad (7.43)$$

　つぎに，A，B，P，C の 4 点は題意によって円周上にあるし，円に内接する四角形の対角の和は $2\angle R$ ですから（115 ページ），

$$\angle PBA + \angle PCF = 2\angle R \tag{7.44}$$

また　　$\angle PBA + \angle PBD = 2\angle R$　　　　　　　　(7.45)

故に　　$\angle PCF = \angle PBD$　　　　　　　　　　　　(7.46)

さらに $\angle PFC = \angle PEC = \angle R$ ですから，F，E，P，C は PC を半径とする円周上にあるので

$$\angle FCP + \angle PEF = 2\angle R \tag{7.47}$$

そうすると，式 (7.43) と式 (7.46) から

$$\angle \text{FCP} = \angle \text{PED} \qquad (7.48)$$

これを式(7.47)に代入すれば

$$\angle \text{PED} + \angle \text{PEF} = 2 \angle R \qquad (7.49)$$

この式の意味するところを図7.13で確認していただけませんか.
それは,D,E,Fが一直線上にあるということです.証明終り.

いまの証明に使った図7.13では,鋭角三角形を使いました.ほんとうをいうと,鈍角三角形を使ったり,三角形とP点の相対位置が変ったりすると,証明の段取りを少し変更しなければならないのですが,ここでは深入りしないでおきましょう.

トレミーの定理

こんどは,円に内接する四角形に秘められた神妙な性質についてです.円に内接する四角形では,対辺どうしを掛け合わせた2つの値を合計すると,対角線どうしを掛け合わせた値と等しくなります.図7.14の記号を使うなら

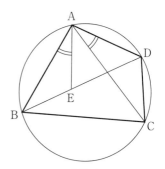

図7.14 内接する四角形

$$\text{AB} \cdot \text{CD} + \text{AD} \cdot \text{BC} = \text{AC} \cdot \text{BD} \qquad (7.50)$$

です.これを,**トレミーの定理**[*9]といいます.115ページで,円に内接する四角形では,対角の和が$2 \angle R$になるという性質をご

[*9] トレミー(Ptolemy,B.C.85年ごろ〜B.C.165年ごろ,トレミーはプトレマイオスの英称).エジプト生まれのギリシアの天文学者.

紹介し，それをシムソンの定理の証明に使ったりもしましたが，式 (7.50)の関係のほうが，一段と上等なムードを漂わせています.

トレミーの定理は，つぎのように証明されます. まず

$$\angle BAE = \angle CAD \tag{7.51}$$

になるような点EをBD上にとります. なぜ突如としてこのようなことを思いつくのかについては，つぎの節で補足するつもりです. このようにE点を決めると

$$\angle ABE(=\angle ABD)=\angle ACD$$

（ともに弧ADの円周角） (7.52)

だから　△ABE∽△ACD　（3角が等しい） (7.53)

故に　$\dfrac{AB}{BE}=\dfrac{AC}{CD}$ (7.54)

すなわち　$AB\cdot CD = AC\cdot BE$ (7.55)

いっぽう

$$\angle EAD = \angle BAC \quad （ともに\angle BAD - \angle EAC） \tag{7.56}$$

また　$\angle ADE = \angle ACB$　（ともに弧ABの円周角） (7.57)

だから　△ADE∽△ACB　（3角が等しい） (7.58)

故に　$\dfrac{AD}{ED}=\dfrac{AC}{BC}$ (7.59)

すなわち　$AD\cdot BC = AC\cdot ED$ (7.60)

ここで，式(7.55)と式(7.60)を加えてください.

$$AB\cdot CD + AD\cdot BC = AC(BE + ED)$$
$$= AC\cdot BD \tag{7.61}$$

となって，めでたくトレミーの定理が証明できました.

なお，トレミーの定理の逆，すなわち，「四角形 ABCD が

いずれ劣らぬ華麗なステップ

$$AB \cdot CD + AD \cdot BC = AC \cdot BD$$

であるなら，この四角形は円に内接する」も成立します．

補助線ひらめき術

　幾何の問題では，たった1本のうまい補助線に気がつけば鮮やかに難問が解けていくのに，それに気がつかないと，堂々めぐりのまま空しく時が流れることが少なくありません．そして，鮮やかに問題が解けたときの達成感と，堂々めぐりから脱出できなかったときの挫折感とでは，雲泥の差があります．このような補助線の特質のせいで，幾何だいすき人間のグループと幾何だいきらい人間のグループにはっきりと分かれてしまうという通説があります．ある先生は，補助線の発見は幾何ずきになるか否かを決定すると言っているくらいです．

　この説に異議を唱えるつもりはありません．しかし，その裏に，

補助線はカンやひらめきによって見つけるものだから，天賦の資質が幾何についての能力を左右する，というようなニュアンスが見え隠れするところが気になります．

確かに，カンの良否は生まれつきとは言わないまでも，3歳くらいまでにできあがる脳の基本回路に左右されるという話もあります．ただし，基本回路があまり上等にできあがっていなくても，使い方によってはなん十倍にも能力を向上することができるから，おおいにカンを育てようという前向きの提言には励まされます．そこで，この提言に乗って，補助線を見出すためのカンどころを押えていこうと思います．

前の節でご紹介したトレミーの定理の証明を反すうしていただきましょう．トレミーの定理は「円に内接する四角形では，対辺どうしを掛け合わせた2つの値を合計すると，対角線どうしを掛け合わせた値と等しくなる」というものでした．図 7.14(165 ページ)の記号を使うと

$$AB \cdot CD + AD \cdot BC = AC \cdot BD \qquad (7.50) と同じ$$

という定理です．そして，これを証明するために，私たちは3本の補助線を使いました，図 7.14 のようにです．

このうちの2本は，AとC，BとDを結ぶ対角線ですから，補助線というよりは，題意を図示した線にすぎません．

問題は，補助線 AE です．トレミーの定理の証明は，ほとんど全部の参考書で「∠BAE = ∠CAD になるような点Eを対角線 BD 上にとり……」で始まります．多くの読者は，なぜ AE という補助線が必要なのかをまったく理解しないまま，ひたすら証明の筋書きを追います．そして，証明が終ったころになって，補助線 AE が証

明の命綱であったことに気がつくのです.

　その挙句に残る印象は, なるほど AE とは巧妙な補助線に気がつ
いたものだという驚きです. それだけで終れば, 証明が理解できた
という達成感のぶんだけハッピーなのですが, 思慮深い人たちに
とっては, これから先がいけません. よほどカンが冴えるか, 神が
かり的なひらめきがなければ, このような補助線に気がつくはずは
ないし, そのような才能は自分には欠けていると思い込み, 幾何だ
いきらい人間のグループへと落ちていってしまうのです.

　けれども, これは正しくありません. なぜなら, AE という補助
線が必要なことは, 幾何の常識を備えてさえいれば, カンに頼るこ
となく, 最初から読めるはずなのです. なぜかというと, つぎのと
おりです.

　証明問題の式(7.50)を見てください. 各項とも 2 つの値の掛け算
です. 掛け算どうしが＝で結ばれているなら

$$a \cdot b = c \cdot d \quad なら \quad a : c = d : b$$

の関係から連想されるように, いくつかの「相似」が使われている
可能性が大です. 相似なら角が等しいはず. そして, 円があって角
が等しければ, 円周角が頭に浮かぶのが当り前です.

　というわけで, 4 つの辺のそれぞれの上に立つ円周角について,
多少の試行錯誤をしてみましょう. そのうち, 弧 AD の上に立つ
円周角では, ∠ACD = ∠ABD なのだから, あと, ∠CAD =
∠BAE になるように BE の線を引きさえすれば

$$\triangle CAD \backsim \triangle BAE \qquad\qquad (7.53)もどき$$

という相似形ができ, そうすると

$$AB \cdot CD = AC \cdot BE \qquad\qquad (7.55)と同じ$$

の関係が求まり，これは役に立ちそう……と気がつくのは，とくに天才でも超能力でもないでしょう．こういうわけですから，トレミーの定理の補助線 AE でさえ，決してカンやひらめきだけが頼りではなく，幾何の常識と多少の推理で作り出せるはずなのです．

　そこで，幾何の証明などで役に立ちそうな補前線の引き方を列挙して，ご参考に供しようと思います．もっとも，補助線の引き方は，まさにケース・バイ・ケースであって，一定の法則性がないのが特徴といわれているくらいですから，やや独断的なつまみ食いになるかもしれません．お許しください．なお，説明文のあとにつけてある数字は，この本でその補助線が使われている図の番号です．

（1）　直線を延長する．補角や新しい三角形などが誕生して，つぎの見通しを与えてくれます（図 2.6, 4.16, 7.3 など）．

（2）　平行線を引く．補角，同位角，錯角などが現れて，いろいろな手掛りが得られます．また，2 組の平行線で平行四辺形を作れば，平行四辺形の貴重な性質が利用できます（図 2.26, 3.10, 6.3, 6.13, 7.3 など）．

（3）　垂線を立てる（下ろす）．直角三角形ができ，合同，相似，三平方の定理などが使いやすくなります．直角である頂点から対辺に垂線を下ろすと効果的です（図 2.11, 2.18, 4.9, 5.4, 6.3, 7.5 など）．

（4）　垂直二等分線を立てる．二等辺三角形ができるので，等辺や等角，さらに合同が利用できます（図 2.23, 5.1 など）．

（5）　三角形に分割する．または，対角線を引く．なんといっても，図形の基礎は三角形です．三角形に分割することによって見通しがよくなります（図 2.14, 3.3, 4.12, 4.13, 7.14 など）．

（6）　三角形などに外接
する円を描く．また
は，円に内接する三
角形を描く．円周角
一定の性質によって，
思いがけない手掛り
がつかめます．とく
に，三角形の1辺が
円の直径となるとき
には，円周角が∠R
となることにご注
意ください（図5.11，
5.15，7.13など）．

このほかにも，角の二等
分線を引く，頂点と対辺の
中点を結ぶ，辺の中点どう
しを結ぶ，2つの円に共通
接線を引くなど，多種多様
な補助線が考えられるで
しょう．どうぞ，問題を
じっくり眺めて，どのよう
な補助線が決め手になるか
を推理し，見事に問題を解
決して万歳と叫べますよう
……．ひらめきを待つので

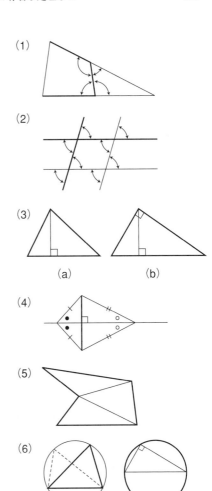

(1)

(2)

(3)

(a)　　　　(b)

(4)

(5)

(6)

(a)　　　　(b)

図 7.15　補助線いろいろ

はなく，ひ・ら・め・か・せ・て・しまえるようになることを祈ります．

幾何の試算と検算

　ひっかけ問題を差し上げます．ひっかからないように注意して読んでください．四角形 ABCD において，辺 AB とその対辺 CD の長さが等しければ，もう 1 組の対辺どうし AD と BC は平行になります．つまり，四角形 ABCD は等脚台形になります．証明は，つぎのとおりです．

　図 7.16 のように，AD の垂直二等分線と BC の垂直二等分線の交点を P とします．そうすると△ PAD と△ PBC はともに二等辺三角形になり

$$\left.\begin{array}{l} PA = PD \quad \text{(二等辺三角形だから)} \\ PB = PC \quad \text{(二等辺三角形だから)} \\ AB = DC \quad \text{(題意)} \end{array}\right\} \tag{7.62}$$

したがって，△ ABP と△ DCP は 3 辺が等しいので

$$\triangle ABP \equiv \triangle DCP \tag{7.63}$$

故に　　$\angle ABP = \angle DCP$ $\tag{7.64}$

いっぽう　　$\angle ABC = \angle ABP + \angle PBC$ $\tag{7.65}$

$$\angle DCB = \angle DCP + \angle PCB \tag{7.66}$$

また　　$\angle PBC = \angle PCB$ 　（二等辺三角形だから）　$\tag{7.67}$

ここで式(7.65)と式(7.66)の右辺を見較べてください．第 1 項どうしは式(7.64)によって等しいし，第 2 項どうしは式(7.67)によって等しいのですから

$$\angle ABC = \angle DCB \tag{7.68}$$

ではありませんか. これは, 四角
形 ABCD が等脚台形であるとと
もに, AD と BC が平行であるこ
とを意味します.

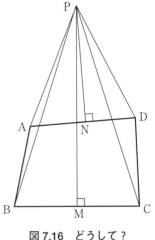

図7.16　どうして？

　これで証明は完璧なのですが,
どうしても変です. AB と DC の
長さだけが等しい4本の棒を, 自
在に折れ曲がる関節で組み合わせ
た四角形のリンクを想像していた
だけませんか. 等脚台形にもなる
(PM と PN が重なったとき)けれ
ど, ∠ABC と∠DCB をちがう

角度にすることも自由ですから, いつも等脚台形になるという結論
には承服できません. いったい, どこにまちがいがあるのでしょう
か.

　その答えは, 図の描き方にあります. 図7.16 では, P 点か四角
形の外にあり, また, A も D も△PBC の外側に描いてありますが,
いつもそうなるとは限りません. AD と BC の長さや, それらの位
置によっては, P 点が四角形の内側にあることもあるし, 図7.17
のように A が△PBC の中にくることもあります. 図7.17 の場合な
ら, 式(7.65)は成り立たないではありませんか. だから, 前述の証
明は正しくないのです.

　幾何では, ほとんどの場合, 図を頼りに考えたり式を追ったりし
ます. したがって, 図から得る情報は, 私たちの思考に決定的とも
いえる影響を与えます. その図に誤りがあったり欠落があったりし

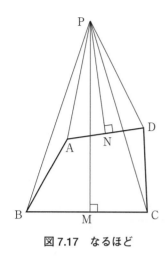

図 7.17　なるほど

てはたまりません．いまの例のように，完全にミス・リードされることさえ起こります．

その代り，正確で落ちのない図は，私たちに多くのヒントをくれます．ときには思いがけない大発見をすることだって，ないとは限りません．思うに，幾何における重要な定理などのほとんどは，定規とコンパスを振り回して多くの図を描いているうちに，図の中に規則性を発見したことが発端となって確立されてきたのではないでしょうか．

間違っていたらお許しねがいたいのですが，デザルグ先生だって，きっと，2つの三角形の関係を調べるための図をたくさん描いているうちに不思議な規則性に気がつき，それから証明に取り組み，そしてデザルグの定理を完成させたにちがいありません．

こういう観点から見ると，幾何で図を描くという行為は，「試算」に相当するように思われます．そして試算が成功するためには，図が正確であることはもちろん，図が必要な範囲を網羅しているか否かにも気を配る必要がありそうです．

つぎへすすみます．図を描いたら，証明などの本格作業にはいりますが，これが「試算」につづく本格的な「計算」に相当するでしょう．そして，「計算」が終ったら「検算」をしておきたいものです．検算としては同じ計算を丹念に繰り返すのも有効ですが，これだけ

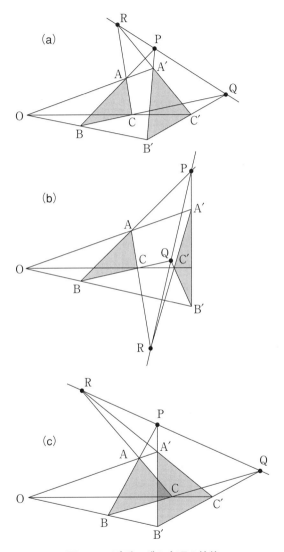

図 7.18 デザルグの定理の検算

では同じ誤りを繰り返すことがあります．この節の頭でご紹介したひっかけ問題などでは，いくら丹念に読み返しても誤りは発見できないようにです．

そこで，条件を変えて計算（証明）をやり直してみましょう．その一例をデザルグの定理にとってみました．図 7.18 の (a) は 161 ページのときに使った図 7.11 と同じです．(b) では，2 つの三角形の向かい合い方を逆にしてみました．ご面倒でなければ (b) に 161 〜 163 ページの証明を適用してみていただけませんか．ちゃんと成立することがわかって，ひと安心です．さらに (c) では，2 つの三角形を食い込ませてみました．この図を使っても，161 〜 163 ページの証明はきちんと成立します．これで安心です，このような検算を行なえば，172 ページのひっかけ問題のインチキなど，たやすく見破れたにちがいありません．

少々，くどくなってしまったようです．反省します．ごめんなさい．

この章のほかに現れた定理

神は永遠に幾何学する

　　　　　　——プラトン

幾何学に王道なし

　　　　　　——ユークリッド

第II部

いろいろな幾何と
出会う

第Ⅱ部では，ふつうの幾何の世界から一，二歩外へ出ると見えてくる別の幾何を覗いてみることにします．

　解析幾何は，図形を直接観察するのではなく，座標と方程式を使ってそれらの性質を調べようとする幾何で，高校の数学では「図形と方程式」として扱われています．

　位相幾何は，点と線と面のつながり方にだけ着目して図形の性質を調べようとする幾何で，好奇心にアピールする話題だけが学校で採り上げられることも少なくありません．

　非ユークリッド幾何は，ふつうの幾何と対立する一面を持ちますが，どちらが人類のためになるかという価値判断を別とすれば，両方とも正しい幾何といえるでしょう．

　射影幾何は，すべての幾何を包含する上位の幾何だと考える先生もいますが，いまの人間の限られた知恵で，そこまで言い切るのは早計にすぎるように思います．

　限られた紙面なので，まちがった印象で受け取られることをおそれますが，雰囲気だけでも感じとっていただければ幸いです．

8. 解析幾何の粗描

—— 解析幾何には美がない？ ——

座標を使って幾何を解く

なんの愛想もなく，いきなり幾何の話です．昨夜の夢見が悪かったと諦めて，お付合いください．

私たちは，第4章で「平行四辺形の2本の対角線は互いに相手を2等分する（逆も真）」という性質を証明し，この性質をあちらこちらで便利に愛用させてもらいました．この性質を証明するに当っては，三角形の合同のような，いかにも幾何っぽいステップを積み重ねて証明を完結させました．

この章では，がらりと趣を変えて，座標と方程式を使って図形の性質を調べてみようと思います．手はじめに「平行四辺形の2本の対角線は互いに相手を2等分する」ことを証明しましょう．

図8.1をごらんください．ふ

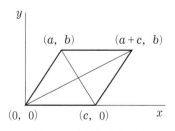

図 8.1　座標を使えば

つうの $x-y$ 座標の上に平行四辺形が描いてあります．頂点の１つを原点 $(0, 0)$ におき，辺の１つを x 軸に重ねたのは，もちろん計算を単純にするための配慮です．そして，他の３つの頂点の座標を図に記入したようにとりましょう．つまり，この平行四辺形は，底辺の長さが c，高さが b で，底辺と上辺が a だけずれているという想定です．

では，計算を始めます．平行四辺形の左上から右下への対角線，すなわち，(a, b) と $(c, 0)$ の２点を通る直線の方程式は

$$\frac{y-b}{x-a} = \frac{-b}{c-a} \tag{8.1}$$

故に $\quad y = \dfrac{b}{a-c} x - \dfrac{bc}{a-c}$ (8.2)

です（このことについては 186 ページで触れます）．また，左下から右上への対角線，つまり，$(0, 0)$ と $(a+c, b)$ の２点を通る直線の方程式は

$$\frac{y}{x} = \frac{b}{a+c} \qquad 故に \qquad y = \frac{b}{a+c} x \tag{8.3}$$

で表わされます．そうすると，これら２本の対角線の交点は式 (8.2) と式 (8.3) が同時に成立する点ですから，その座標は両式を連立して解けば求められるはずです．計算を実行すると，だれがやっても

$$x = \frac{1}{2}(a + c), \ y = \frac{1}{2} b \tag{8.4}$$

となります．

この座標がどの位置を指しているかは，図 8.1 を見れば明らかで

しょう．(a, b)と$(c, 0)$を結ぶ線分の中点は，x軸方向でaとcの中央，すなわち$(a + c)/2$ですし，また，y軸方向では$b/2$であることはもちろんですから，式(8.4)は，まちがいなく左上から右下への対角線の二等分点を示しています．同じように，式(8.4)で表わされる座標が左下から右上への対角線の中点であることも，確認してください．証明終り．

　前章までは，線分の長さ，角度の大きさ，合同，相似などのような，図形の素朴な性質を目で確かめながら，図形に関する問題を解いてきました．これに対してこんどは，図形を座標の上に描いて数量化し，方程式をたて，代数的な運算によって図形についての問題を解きました．このように，座標と代数的な計算によって図形の性質を解明しようという幾何学を**解析幾何学**あるいは**座標幾何学**と呼びます．

　困ったことに，解析幾何や座標幾何という立派な呼び名に対して，前章までの幾何を呼ぶぴったりの言葉がありません．単に「幾何」といえば，前章までの幾何はもちろん，解析幾何，位相幾何，射影幾何などをひっくるめた幾何ととられかねないし，初等幾何では，範囲や手法ではなくレベルを指しているように聞こえるし，ユークリッド幾何がいちばん正確かもしれないけれど長すぎるし，弱ってしまいます．そこで，前章までのふつうの幾何を単に「幾何」と呼ぶことに同意していただいて，先へ進もうと思います．

　幾何と解析幾何にどのような性格的な違いがあるかについては，さまざまな意見が述べられていますが，それらの最大公約数的な見解はつぎのようなものでしょう．

　(1)　幾何の問題は，原理的にはすべて解析幾何によって解くこ

とができます.

(2)　それぞれ得意な分野があります. 一般に, 単純な問題, とくに角度を含む問題は幾何にむいています. たとえば「三角形の各頂角の二等分線は1点で交わる」ことを幾何で証明するのは, 赤子の手をひねるようなものでしたが(48ページ, 51ページ), これを解析幾何で証明するには, 徹夜を覚悟しなければなりません.

(3)　その代り, 複雑な問題, とくに軌跡や曲線を含む問題は. 一般に解析幾何にむいています. たとえば, アポロニウスの円などは解析幾何なら容易に導き出せるし, 各種の円錐曲線の研究などには解析的手法が欠かせません.

(4)　幾何は主として平面図形を対象とします. 立体図形を相手にすると急に筋書きがややこしくなることは, 141〜143ページの2つの例で見ていただいたとおりです. これに対して, 解析幾何は立体図形でも平気です. 方程式の数が多くなるぶん手間はかかりますが, これもコンピュータが解決してくれるでしょう. それどころか, 4次元以上の図形(?)の研究も行なわれています.

(5)　解析幾何では, 図形を座標上にセットして方程式を作るまでと, 計算結果を評価するところだけが知的な作業であり, 途中の計算は単なる作業にすぎないので美しさに乏しい. これに対して幾何のほうは, 一貫した論理の筋道を追うので論理的思考が訓練されるし, 達成感を味わうこともできる. さらに, 補助線などのアイディアによってはエレガントさを競うこともできる……. という見解も多くの先生方が述べておられます.

いっぽう, 今の時代, コンピュータの利用を前提とした解析的な感覚と手法を身につけるほうが, 時流に沿っているという意見も耳

にします．

　ま，この辺の議論になると，低俗な比喩を許していただくなら，食事をする時に箸を使うか，ナイフとフォークを使うか，先割れスプーンを使うかみたいな議論で，食べものにもよるし，雰囲気やマナー，躾などへの配慮もあるなどして，俄かにはいっぽうだけに加担できないような気がします．

　では．節を改めて解析幾何のための小道具を調べていきましょう，

ご存知のとおりですが

　解析幾何でお世話になる基礎的な公式を列挙しておきましょう．あくびを噛み殺して図 8.2 を参照しながら読み流してください．

　(1)　$x-y$ 座標の上に 2 つの点 (x_1, y_1) と (x_2, y_2) があるとします．この 2 点間の距離を l とすると

$$l = \sqrt{(x_2 - x_1)^2 + (y_2 - y_1)^2} \tag{8.5}$$

です．両点の横軸方向の距離が $(x_2 - x_1)$ で，縦軸方向の距離が $(y_2$

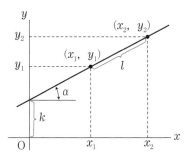

図 8.2　ご存知のとおりですが

$-y_1)$ ですから，斜め方向の距離は三平方の定理によって式(8.5)となるわけです．三平方の定理は解析幾何でも重要な道具です．

（2）　この2点間の距離を，$u : v$ の比に分ける点 (x, y) は

$$\text{内分点}\quad x = \frac{ux_2 + vx_1}{u + v},\ y = \frac{uy_2 + vy_1}{u + v} \tag{8.6}$$

$$\begin{matrix}\text{外分点}\\(u \neq v)\end{matrix}\quad x = \frac{ux_2 - vx_1}{u - v},\ y = \frac{uy_2 - vy_1}{u - v} \tag{8.7}$$

で表わされます．距離を比例配分しているだけの式です．

（3）　この2点を通る直線の方程式としては

$$\frac{y - y_1}{x - x_1} = \frac{y_2 - y_1}{x_2 - x_1} \tag{8.8}$$

を使うのが便利でしょう．2点の座標を機械的に書き込むだけで式ができるからです．前節の式(8.1)や式(8.3)は，この式を適用して作り出したものです[*1]．

ただし，計算の都合や式の形への馴れのために，直線の方程式は

$$y = mx + k \tag{8.9}$$

の形のほうが好きというのであれば，式(8.8)を変形して

$$y = \frac{y_2 - y_1}{x_2 - x_1} x + \frac{x_2 y_1 - x_1 y_2}{x_2 - x_1} \tag{8.10}$$

[*1]　立体空間では，2点 (x_1, y_1, z_1) と (x_2, y_2, z_2) との間の距離は
$$l = \sqrt{(x_2 - x_1)^2 + (y_2 - y_1)^2 + (z_2 - z_1)^2}$$
となり，また，2点を通る直線の方程式は
$$\frac{x - x_1}{x_2 - x_1} = \frac{y - y_1}{y_2 - y_1} = \frac{z - z_1}{z_2 - z_1}$$
となるなど，複雑にはなりますが，考え方は平面の場合の延長線上にあります．

として使うのもいいでしょう. この場合, $(y_2-y_1)/(x_2-x_1)$ は, 直線の傾き m に相当します. これは, 直線が x 軸となす角 α (図 8.2)との間に

$$m = \tan\alpha \tag{8.11}$$

の関係があり, また, $(x_2 y_1 - x_1 y_2)/(x_2-x_1)$ は, 直線が y 軸を切る位置 k (図 8.2)を表わしていることを思い出しておきましょう.

（4） つぎへすすみます. こんどは 2 本の直線の関係です.

$$\left.\begin{array}{l} y = m_1 x + k_1 \\ y = m_2 x + k_2 \end{array}\right\} \tag{8.12}$$

という 2 本の直線が平行である条件は

$$m_1 = m_2 \tag{8.13}$$

です. このとき, $k_1 = k_2$ なら 2 直線は重なってしまいます. また, 2 直線が垂直になる条件は

$$m_1 m_2 = -1 \tag{8.14}$$

です. そして, 2 直線が交わる角度を θ とすると

$$\tan\theta = \frac{m_1 - m_2}{1 + m_1 m_2} \tag{8.15}$$

の関係があります.

（5） 点 $(x_1,\ y_1)$ から直線 $ax+by+c = 0$ に下ろした垂線の長さ, すなわち, 点から直線までの距離 d は

$$d = \frac{|ax_1 + by_1 + c|}{\sqrt{a^2+b^2}} \tag{8.16}$$

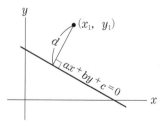

図 8.3 点から直線への距離

188

で求められます．とくに点が原点$(0,\ 0)$のときは

$$d = \frac{|c|}{\sqrt{a^2 + b^2}} \tag{8.17}$$

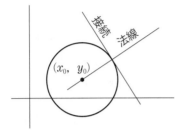

図 8.4　円の接線と法線

となります．直線の式の形をいろいろに使い分けるのは，そのほうが結果的に使いやすい公式が生まれるからにすぎません．

（6）　こんどは円がからみます．点$(x_0,\ y_0)$を中心とする半径 r の円の方程式は

$$(x - x_0)^2 + (y - y_0)^2 = r^2 \tag{8.18}$$

であり，その円周上の 1 点$(x_1,\ y_1)$における接線と法線は

接線　$(x - x_0)(x_1 - x_0) + (y - y_0)(y_1 - y_0) = r^2 \tag{8.19}$

法線　$(x - x_0)(y_1 - y_0) - (y - y_0)(x_1 - x_0) = 0 \tag{8.20}$

というきれいな方程式で表わされます．

（7）　円錐曲線（136 ページ）の方程式も列挙しておきましょう．

（a）　x 軸上に長軸$(2a)$を，y 軸上に短軸$(2b)$を持つ**楕円**の方程式は

$$\frac{x^2}{a^2} + \frac{y^2}{b^2} = 1 \tag{8.21}$$

です．このとき，$e = \sqrt{a^2 - b^2}/a$ を**離心率**といい，2 つの焦点 F_1 と F_2 の座標は$(-ae,\ 0)$と$(ae,\ 0)$です．

（b）　原点に対称で x 軸上にある 2 つの焦点 $F_1(-k,\ 0)$ と $F_2(k,\ 0)$からの距離の差が $2a\,(a < k)$ であるような**双曲線**の方程式は

$$\frac{x^2}{a^2} - \frac{y^2}{b^2} = 1 \qquad \text{ここで，} b^2 = k^2 - a^2 \quad (b>0) \quad (8.22)$$

で表わされます．なお，離心率 $e = \sqrt{a^2+b^2}\,/a$ を使うと $k = ae$ なので，焦点の座標は $(-ae,\ 0)$，$(ae,\ 0)$ となり，楕円の場合と整合します．

(c)　焦点 F$(a,\ 0)$ と準線 $(x + a = 0)$ からの距離が等しい**放物線**の方程式は

$$y^2 = 4ax \tag{8.23}$$

となります．この場合，離心率 e は 1 です．なお，定数の値を変えて

$$-\frac{x}{a} + \frac{y^2}{b^2} = 0 \tag{8.24}$$

の形にすることもでき，こうすると楕円や双曲線の式と形が揃うので，いかにも仲間どうしのように思えます[*2]．

　これで，解析幾何でよく使われる基礎的な公式のご紹介を終ります．しかしながら，ぶっきらぼうに公式を列挙しっ放しというのは，しこしこと納得ずくで話をすすめるという「はなしシリーズ」の主旨に反します．そこで，たった 1 つだけですが，2 直線が交わる角度を θ とするとき

$$\tan\theta = \frac{m_1 - m_2}{1 + m_1 m_2} \qquad \text{(8.15)と同じ}$$

[*2]　円錐曲線の仲間として式の形を揃えるなら（135 ページ関連）

円：$\dfrac{x^2}{a^2} + \dfrac{y^2}{b^2} = 1$，点：$\dfrac{x^2}{a^2} + \dfrac{y^2}{b^2} = 0$

交わる 2 直線：$\dfrac{x^2}{a^2} - \dfrac{y^2}{b^2} = 0$

とすることができます．

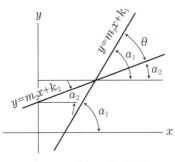

図 8.5　式(8.15)の証明

が, どのようにして生まれたの
か見ていただこうと思います.

図 8.5 のように, 2 本の直線

$$y = m_1x + k_1$$
$$y = m_2x + k_2$$

(8.12)と同じ

が交わっています.

これら 2 本の直線が x 軸と
成す角をそれぞれ α_1, α_2 とす
ると

$$m_1 = \tan \alpha_1$$
$$m_2 = \tan \alpha_2$$

(8.11)もどき

です. いっぽう, これらの 2 直線が交わる角度を θ とすると, 図に
見るように, $\theta = \alpha_1 - \alpha_2$ ですから

$$\tan \theta = \tan(\alpha_1 - \alpha_2) \tag{8.25}$$

これに三角関数の加法定理を適用すれば

$$\tan(\alpha_1 - \alpha_2) = \frac{\tan \alpha_1 - \tan \alpha_2}{1 + \tan \alpha_1 \tan \alpha_2} = \frac{m_1 - m_2}{1 + m_1 m_2} \tag{8.26}$$

式(8.25)と式(8.26)によって式(8.15)が誕生します.

図 8.5 には, α_1, α_2 ともに正(反時計方向に)の場合を描いてあ
りますが, 一方または両方が負であっても, 同様な運算が成立する
ことを確かめていただければと思います.

なお, 2 直線が垂直になる条件

$$m_1 m_2 = -1 \tag{8.14と同じ}$$

は, 式(8.15)から直ちに読みとれます. $m_1 m_2$ が -1 に近づくにつ

れて，式(8.15)の右辺は無限に大きくなりますが，これは，2直線の成す角 θ が限りなく直角に近づくことを意味します．

3つの例題

[**例題1**]　つぎのような方程式で表わされる3本の直線があります．これらが1点で交わるための条件を求めてください．

$$
\left.
\begin{array}{ll}
y = m_1 x + k_1 & ① \\
y = m_2 x + k_2 & ② \\
y = m_3 x + k_3 & ③
\end{array}
\right\} \quad (8.27)
$$

[**解答**]　①と②の交点と①と③の交点が一致すれば，3本の直線は1点で交わるはずです．まず，①と②の交点を求めましょう．

①－②　　$(m_1 - m_2)x = k_2 - k_1$

故に　　$x = \dfrac{k_2 - k_1}{m_1 - m_2}$　　　　　　　　　　　④

これを①に代入すれば

$$
y = m_1 \frac{k_2 - k_1}{m_1 - m_2} + k_1 \qquad\qquad ⑤
$$

つぎに，①と③の交点を求めます．

①－③　　$(m_1 - m_3)x = k_3 - k_1$

故に　　$x = \dfrac{k_3 - k_1}{m_1 - m_3}$　　　　　　　　　　　⑥

これを①に代入して

$$
y = m_1 \frac{k_3 - k_1}{m_1 - m_3} + k_1 \qquad\qquad ⑦
$$

そうすると，①，②，③が1点で交わるためには

　　④＝⑥　で，かつ　⑤＝⑦

である必要がありますが，式を見較べてみると④＝⑥なら，⑤＝⑦
にもなっているので，したがって，①，②，③が1点で交わる条件は

$$\frac{k_2 - k_1}{m_1 - m_2} = \frac{k_3 - k_1}{m_1 - m_3} \tag{8.28}$$

で与えられます.

　なお，いまは①と②の交点と①と③の交点が一致するという観点
から式(8.28)を作り出しましたが，観点を変えれば，②と③の交点
に②と①の交点が一致しても，3直線は1点で交わるはずです．こ
のように，3直線に公平な立場に立ってみると，3直線が1点で交
わっていれば

$$\frac{k_1 - k_2}{m_2 - m_1} = \frac{k_2 - k_3}{m_3 - m_2} = \frac{k_3 - k_1}{m_1 - m_3} \tag{8.29}$$

が成立するし，この中の2つの項が等しければ，3直線は1点で交
わることを確認していただきたいと思います．念のために書き加え
ると，式(8.28)と式(8.29)の左辺どうしでは，文字の配列が異なり
ますが，どちらかの分子と分母に−1を掛ければ，同じ配列になる
ことにご注意ください.

　ついでに，余分なお節介をやかせていただきます．式(8.29)の成
り立ちを目で確かめておこうと思います．たとえば，$y = m_1 x + k_1$ という直線は，y軸をk_1のところで切り，xがaのところでは
k_1よりam_1だけ上昇していることを意味します．そうすると，3
本の直線①，②，③が1点($x = a$)で交わっているなら，それらが
y軸を切る位置と，交点までの上昇ぶんは，図8.6のような関係に

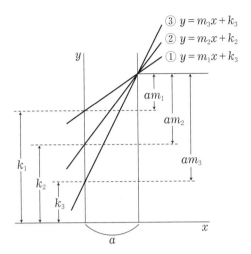

図 8.6　目で確かめましょう

なっているはずです．それなら

$$k_1 - k_2 = a(m_2 - m_1)$$
$$k_2 - k_3 = a(m_3 - m_2)$$
$$-(k_3 - k_1) = -a(m_1 - m_3)$$

$$\left.\right\} \quad (8.30)$$

ですから

$$a = \frac{k_1 - k_2}{m_2 - m_1} = \frac{k_2 - k_3}{m_3 - m_2} = \frac{k_3 - k_1}{m_1 - m_2} \qquad (8.29)\text{もどき}$$

となるのは当り前のことにすぎません．

　解析幾何では，どうしても，方程式を立てたあとは機械的に運算をするばかりで，式の現象的な意味を考えることが少なくなりがちです，そこで，計算の要所，要所で，なるべく図形的な意味を確かめていただくことをおすすめします．そうすれば，解析幾何は一貫

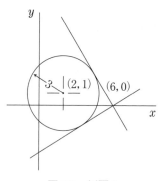

図 8.7　例題 2

して論理を追わないから美がない，などといわれなくてすむでしょう．

［例題 2］　(6, 0)の点を通り，(2, 1)を中心とする半径 3 の円に接する直線の方程式を求めてください．

［解答］　いろいろなアプローチの仕方がありそうですが，ここでは，つぎのように考えていきます．図 8.7 のように(6, 0)を通る直線が，(2, 1)を中心とする半径 3 の円に接しているのですが，これは，(2, 1)から直線に下ろした垂線の長さが 3 であることを意味します．それなら，前節の式(8.16)が役に立つはずです．そこで，直線の方程式を

$$ax + by + c = 0 \tag{8.31}$$

とおきましょう．まず，この直線が(6, 0)を通ることから

$$6a + c = 0 \qquad \text{故に} \qquad c = -6a \tag{8.32}$$

ですから，これも含めて式(8.16)に数値を代入してください．

$$3 = \frac{2a + b - 6a}{\sqrt{a^2 + b^2}} = \frac{-4a + b}{\sqrt{a^2 + b^2}} \tag{8.33}$$

式(8.16)では分子に絶対値記号がついていましたが，それは「距離」を示すためですから，ここでは省いてあります．つぎに式(8.33)を 2 乗して√を取り除きます．

$$9 = \frac{16a^2 - 8ab + b^2}{a^2 + b^2} \tag{8.33}'$$

方程式が1つなのに未知数が2つあるのは困るので，右辺の分子・分母を b^2 で割るとともに

$$a/b = h$$

とおきましょう．

$$9 = \frac{16(a/b)^2 - 8(a/b) + 1}{(a/b)^2 + 1} = \frac{16h^2 - 8h + 1}{h^2 + 1} \qquad (8.33)''$$

両辺に $(h^2 + 1)$ を掛けて整理すると

$$7h^2 - 8h - 8 = 0 \qquad (8.34)$$

この2次方程式を解けば

$$h = \frac{8 \pm \sqrt{64 + 224}}{14} = \frac{4 \pm 6\sqrt{2}}{7} \qquad (8.35)$$

これ以上，整理できないのが残念ですが，概算すると

$$h \fallingdotseq 1.78 \text{ と } -0.64 \qquad (8.35)'$$

くらいの値です．$\sqrt{\ }$ を含む分数は行数をくう割に大きさのイメージが湧きにくいので，この概算値を使って答えを完結させましょう．

私たちは公式(8.16)を利用するために，直線を式(8.31)で表わしてきましたが，式(8.31)を変形してみると

$$y = -\frac{a}{b}x - \frac{c}{b} \qquad (8.31) \text{もどき}$$

という，馴染み深い形になります．そして，$c = -6a$ でしたから

$$y = -\frac{a}{b}x + 6\frac{a}{b} \qquad (8.36)$$

すなわち

$$y = -hx + 6h \qquad (8.37)$$

であることになります．これに式(8.35)′の値を代入してみてくだ

さい．私たちが求めている 2 本の直線は

$$y \fallingdotseq -1.78x + 6 \times 1.78 = -1.78x + 10.68$$
$$y \fallingdotseq 0.64x - 6 \times 0.64 = 0.64x - 3.84$$

(8.38)

であることが判明しました．図 8.7 で，左上から右下へ走る直線が
上の式，左下から右上へ走る直線が下の式に対応することは，モチ
ロンです．

［**例題 3**］　2 定点 A と B からの距離の比が $m:n$ であるような
点の軌跡を求めてください．この
問題は 132 ページの「例題 2」と
同じです．そのときは幾何によっ
て**アポロニウスの円**になることを
証明したのでしたが，こんどは解
析幾何のやり方で答えを導き出そ
うというわけです．

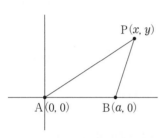

図 8.8　P 点の軌跡を求む

［**解答**］　図 8.8 のように A 点を
$(0, 0)$ に，B 点を $(a, 0)$ におきましょう．そして PA:PB $= m:n\,(m$
$\neq n)$ であるような P 点の軌跡を求めます．P 点の座標を (x, y) と
すれば

$$PA = \sqrt{x^2 + y^2}$$
$$PB = \sqrt{(x-a)^2 + y^2}$$

(8.39)

ですから，P 点の軌跡を表わす x と y の関係は

$$\frac{\sqrt{x^2 + y^2}}{\sqrt{(x-a)^2 + y^2}} = \frac{m}{n}$$

(8.40)

です．あとはこの式がどのような曲線であるかを，読みとりやすい
ように式を変形していくだけです．両辺を 2 乗して整理すると

$$m^2(x^2 - 2ax + a^2 + y^2) = n^2(x^2 + y^2)$$

$$(m^2 - n^2)x^2 - 2am^2x + (m^2 - n^2)y^2 = -a^2m^2$$

$$x^2 - \frac{2am^2}{m^2 - n^2}x + y^2 = -\frac{a^2m^2}{m^2 - n^2} \tag{8.41}$$

ここで変なことをやります. 左辺に $\left(\dfrac{am^2}{m^2 - n^2}\right)^2$ を加えて, 同時に同じものを引くのです. これが「坊さんのロバ」[*3] のように役立つから愉快です.

$$\left\{x^2 - \frac{2am^2}{m^2 - n^2}x + \left(\frac{am^2}{m^2 - n^2}\right)^2\right\} - \left(\frac{am^2}{m^2 - n^2}\right)^2 + y^2 = \frac{a^2m^2}{m^2 - n^2}$$

$$\left(x - \frac{am^2}{m^2 - n^2}\right)^2 + y^2 = -\frac{a^2m^2}{m^2 - n^2} + \left(\frac{am^2}{m^2 - n^2}\right)^2$$

さらに右辺を整理してみてください. すぐに

$$\left(x - \frac{am^2}{m^2 - n^2}\right)^2 + y^2 = \left(\frac{amn}{m^2 - n^2}\right)^2 \tag{8.42}$$

となります, 見てください. この式は

$$\text{中心が}\left(\frac{am^2}{m^2 - n^2},\ 0\right), \quad \text{半径} = \frac{amn}{m^2 - n^2} \tag{8.43}$$

---

*3 ［坊さんのロバ］ 3人の息子の父親が死んだ. 遺産はロバ17匹. 長男は 1/2, 次男は 1/3, 三男は 1/9 を受けとるようにと遺言を残していた. 17匹 は2でも3でも9でも割り切れないので困っているところへ1匹のロバを 連れた坊さんが通りかかり, 息子たちの話を聞いた. 坊さんは17匹に自分 のロバを加えて18匹とし, 長男に9匹, 次男に6匹, 三男に2匹を与え, 残った1匹を連れて去っていった…という話です. 数学でのこのようなテ クニックは拙著『美しい数学のはなし(上)』(日科技連出版社, 1997)にたく さん紹介してあります.

の円を表わしているではありませんか.

また,円が x 軸と交わる位置は

$$\frac{am^2}{m^2-n^2} \pm \frac{amn}{m^2-n^2} = a\,\frac{m(m \pm n)}{(m+n)(m-n)} \tag{8.44}$$

ですから

$$\left.\begin{array}{ll} +\text{のときは} & a\,\dfrac{m}{m-n} \quad (a\,\text{の外分点}) \\[3mm] -\text{のときは} & a\,\dfrac{m}{m+n} \quad (a\,\text{の内分点}) \end{array}\right\} \tag{8.45}$$

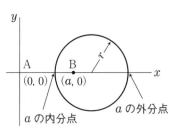

図 8.9 アポロニウスの円

であり,この円がアポロニウスの円であることが判明しました.

いかがでしょうか.第6章では幾何の手法で,この章では解析的な手法でアポロニウスの円を導いてみましたが,どちらがお好きでしょうか.

ベクトルという名の小道具

世界中が東側と西側とに分かれてきびしく対立していた冷戦時代の話です.旧ソ連は国連の事務総長を3人にしてトロイカ方式とするよう主張していました.これに反対なケネディ米大統領は,ソ連のグロムイコ外相を招いて,ロシアの寓話を引用したのだそうです.

「白鳥と川カマスとエビが荷車の運搬を引き受けた.けんめいに引くのだが荷車は動かない.見ると,白鳥は空へ飛び立とうとし,

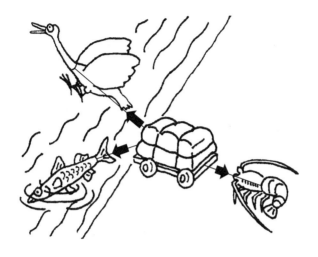

　川カマスは水中へ引き込もうとしている．そして，エビは後ずさりしていた.」大笑いになって，ソ連も1人制に同意したということです．

　愛すべき白鳥と川カマスとエビの作業光景をイラストに描いてみました．その中に書き込まれた太い矢印は，3匹のそれぞれが引っ張っている力の方向を表わすとともに，長さが力の大きさを示していると思ってください．このように，方向と長さの両方に意味をもつ矢印のことを**ベクトル**といいます．

　たった1本の矢印に方向と大きさの情報がコンパクトに詰め込まれたベクトルは，数学や物理などでは欠かせない重要な小道具であり，解析幾何においても重宝がられているので，その一端を見ていただこうと思います．

　まず，失礼とは思いますが，ベクトルのもっとも基礎的ないくつ

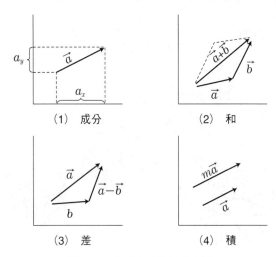

(1)　成分　　　　　　　　(2)　和

(3)　差　　　　　　　　　(4)　積

図 8.10　失礼とは存じますが

かの事項を，図 8.10 を参照しながら思い出しておきましょう[*4].

（1）　ベクトル $\vec{a}$ の方向と大きさを数量的に表わすには，ベクトルを x-y 座標の上でとらえて，x 方向の成分 a_x と y 方向の成分 a_y を使い

$$\vec{a} = \begin{bmatrix} a_x \\ a_y \end{bmatrix} \tag{8.46}$$

と書くのがふつうです．ここで，a_x と a_y は，$\vec{a}$ の始点から終点に向かって測ることはもちろんです．なお，式(8.46)でベクトル $\vec{a}$ を表わすことからわかるように，x-y 座標上のどこにあっても，矢

[*4]　ベクトルは，立体空間はもちろん．それ以上の高次元空間でも成り立つ概念ですが，ここでは，平面上のベクトルを例にとってあります．詳しくは，拙著『行列とベクトルのはなし【改訂版】』(日科技連出版社)をどうぞ．

印の方向と長さが変わらなければ, $\vec{a}$ は同じベクトルです.

(2)　2つのベクトル $\vec{a}$ と $\vec{b}$ の和は

$$\vec{a} + \vec{b} = \begin{bmatrix} a_x \\ a_y \end{bmatrix} + \begin{bmatrix} b_x \\ b_y \end{bmatrix} = \begin{bmatrix} a_x + b_x \\ a_y + b_y \end{bmatrix} \tag{8.47}$$

です. つまり, 図のように $\vec{a}$ に $\vec{b}$ を継ぎ足した成分をもつベクトルになります. $\vec{a}$ と $\vec{b}$ とを隣り合う2辺にもつ平行四辺形の対角線が $\vec{a} + \vec{b}$ を表わすので, この関係を**ベクトルの平行四辺形の法則**といったりします.

(3)　2つのベクトル $\vec{a}$ と $\vec{b}$ の差は

$$\vec{a} - \vec{b} = \begin{bmatrix} a_x \\ a_y \end{bmatrix} - \begin{bmatrix} b_x \\ b_y \end{bmatrix} = \begin{bmatrix} a_x - b_x \\ a_y - b_y \end{bmatrix} \tag{8.48}$$

です. この関係は図より式のほうが理解しやすいかもしれません.

(4)　$\vec{a}$ の m 倍は

$$m\vec{a} = m \begin{bmatrix} a_x \\ a_y \end{bmatrix} = \begin{bmatrix} ma_x \\ ma_y \end{bmatrix} \tag{8.49}$$

です. m はベクトルではないふつうの数で, ベクトルに対して**スカラー**と呼ばれます. a_x や a_y などもスカラーです. ベクトルどうしの掛け算は物理などでは重要なのですが, 解析幾何ではあまり使わないので省略します.

これでベクトルの復習は終りです. 振り返って白鳥と川カマスとエビの寓話に戻るなら, それぞれの力ベクトルを $\vec{h}, \vec{k}, \vec{e}$ とすれば

$$\vec{h} + \vec{k} + \vec{e} = \begin{bmatrix} h_x + k_x + e_x \\ h_y + k_y + e_y \end{bmatrix} = \begin{bmatrix} 0 \\ 0 \end{bmatrix} = \vec{0}$$

だったにちがいありません. このように, どの方向にも成分をもたないゼロベクトル $\vec{0}$ もベクトルの仲間とみなします. なお, $\vec{h}, \vec{k},$

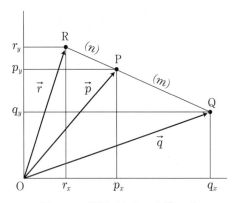

図 8.11　位置ベクトルを使って

$\vec{e}$ は，平面上ではなく立体空間の中で考えるべきだと思われる方は，成分を x, y, z の 3 軸方向にふやし同様に取り扱ってください.

　[**例題 1**]　$x\text{-}y$ 座標の定点（ふつうは原点）から点 P へのベクトル $\vec{p}$ を，P の位置を表わす目的で使うとき，$\vec{p}$ を P の位置ベクトルといいます. いま，点 Q の位置ベクトルを $\vec{q}$，点 R の位置ベクトルを $\vec{r}$ とするとき，線分 QR を $m:n$ に分ける点 P の位置ベクトル $\vec{p}$ が

$$\vec{p} = \frac{n\vec{q}+m\vec{r}}{m+n} \quad \begin{pmatrix} mn>0 \text{なら内分点} \\ mn<0 \text{なら外分点} \end{pmatrix} \tag{8.50}$$

であることを証明してください.

　[**解答**]　図 8.11 から読みとれるように

$$p_x = \frac{nq_x+mr_x}{m+n}, \quad p_y = \frac{nq_y+mr_y}{m+n} \tag{8.51}$$

ですから

$$\vec{p} = \begin{bmatrix} \dfrac{nq_x+mr_x}{m+n} \\[2mm] \dfrac{nq_y+mr_y}{m+n} \end{bmatrix} = \begin{bmatrix} \dfrac{nq_x}{m+n} \\[2mm] \dfrac{nq_y}{m+n} \end{bmatrix} + \begin{bmatrix} \dfrac{mr_x}{m+n} \\[2mm] \dfrac{mr_y}{m+n} \end{bmatrix}$$

$$= \frac{n}{m+n}\,\vec{q} + \frac{m}{m+n}\,\vec{r} = \frac{n\vec{q} + m\vec{r}}{m+n} \tag{8.52}$$

となって，式(8.50)が証明できました．

　[**例題2**]　任意の三角形 ABC の各頂点の位置ベクトルを $\vec{a}$, $\vec{b}$, $\vec{c}$ として，重心の位置ベクトル $\vec{g}$ を求めてください．

　[**解答**]　50ページの[クイズ]のように，
三角形の重心は1本の中線を 2:1 に内
分した位置にあります．そこで図8.12
をごらんください．まず，A と B の中
点は線分 AB を 1:1 に分ける点ですから，
その位置ベクトルは

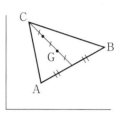

図8.12　三角形の重心

$$\frac{\vec{a} + \vec{b}}{1 + 1} = \frac{\vec{a} + \vec{b}}{2} \tag{8.53}$$

です．そうすると，C とこの点とを 2:1 に分ける点が重心ですから，重心の位置ベクトル $\vec{g}$ は

$$\vec{g} = \frac{\vec{c} + 2\,\dfrac{\vec{a} + \vec{b}}{2}}{2 + 1} = \frac{\vec{a} + \vec{b} + \vec{c}}{3} \tag{8.54}$$

で表わされることになります．なんと鮮やかなことでしょう！

7 点一致の物語

　この章の最後を飾って，まるで手品のような離れ業をお目にかけ
ようと思います．うまくいきましたら，ご喝采ください．

　任意の凸四角形 ABCD があります．この四角形について，つぎ

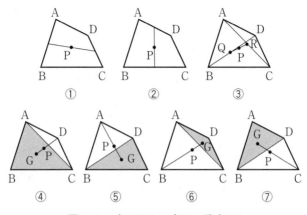

図 8.13　すべての P 点は一致するか

の 7 つの点がすべて一致することを証明してみようというのです.

① 　辺 AB の中点と辺 CD の中点を結ぶ線分の中点

② 　辺 BC の中点と辺 DA の中点を結ぶ線分の中点

③ 　対角線 AC の中点と対角線 BD の中点とを結ぶ線分の中点

④ 　△ABC の重心と頂点Dとを結ぶ線分を 1：3 に分ける点

⑤ 　△BCD の重心と頂点 A とを結ぶ線分を 1：3 に分ける点

⑥ 　△CDA の重心と頂点 B とを結ぶ線分を 1：3 に分ける点

⑦ 　△DAB の重心と頂点Cとを結ぶ線分を 1：3 に分ける点

では，これら 7 つの点の位置ベクトルを求めていきましょう. 利用する公式は式(8.51)の 1 つだけです. もちろん, A，B，C，D の位置ベクトルは $\vec{a}$, $\vec{b}$, $\vec{c}$, $\vec{d}$ で表わし，重心 G の位置ベクトルは $\vec{g}$ とします.

① 　AB の中点は $\dfrac{\vec{a}+\vec{b}}{2}$, CD の中点は $\dfrac{\vec{c}+\vec{d}}{2}$

したがって　$\vec{p} = \dfrac{\dfrac{\vec{a} + \vec{b}}{2} + \dfrac{\vec{c} + \vec{d}}{2}}{2} = \dfrac{\vec{a} + \vec{b} + \vec{c} + \vec{d}}{4}$ ①

② BC の中点は $\dfrac{\vec{b} + \vec{c}}{2}$, DA の中点は $\dfrac{\vec{d} + \vec{a}}{2}$

したがって　$\vec{p} = \dfrac{\dfrac{\vec{b} + \vec{c}}{2} + \dfrac{\vec{d} + \vec{a}}{2}}{2} = \dfrac{\vec{a} + \vec{b} + \vec{c} + \vec{d}}{4}$ ②

③ AC の中点は $\dfrac{\vec{a} + \vec{c}}{2}$, BD の中点は $\dfrac{\vec{b} + \vec{d}}{2}$

したがって　$\vec{p} = \dfrac{\dfrac{\vec{a} + \vec{c}}{2} + \dfrac{\vec{b} + \vec{d}}{2}}{2} = \dfrac{\vec{a} + \vec{b} + \vec{c} + \vec{d}}{4}$ ③

④ △ABC の重心は，式(8.54)によって

$$\vec{g} = \dfrac{\vec{a} + \vec{b} + \vec{c}}{3}$$

この点とDの間を 1：3 に分ける点は

$$\vec{p} = \dfrac{3\dfrac{\vec{a} + \vec{b} + \vec{c}}{3} + \vec{d}}{4} = \dfrac{\vec{a} + \vec{b} + \vec{c} + \vec{d}}{4}$$ ④

⑤ △BCD の重心は $\vec{g} = \dfrac{\vec{b} + \vec{c} + \vec{d}}{3}$

この点と A の間を 1：3 に分ける点は

$$\vec{p} = \frac{3\dfrac{\vec{b}+\vec{c}+\vec{d}}{3}+\vec{a}}{4} = \frac{\vec{a}+\vec{b}+\vec{c}+\vec{d}}{4} \qquad ⑤$$

⑥と⑦　もういいでしょう．④や⑤と文字の順序が異なるだけで，まったく同じ答えが出てきますから．

　こうして，①〜⑦の7つの点が，すべて一致することが確認されました．7点が一致することもすごいけれど，これほど簡単に証明できることもすごいと思いませんか．これをユークリッド幾何で証明する苦労と較べてみれば，ユークリッド幾何と解析幾何が共存共栄することの意義が理解できようというものです．

　［**付記**］　解析幾何では，主として直交座標が使われますが，取り扱うテーマによっては，極座標とか，複素数の直交座標や極座標（103ページ関連）を使うのが有効なこともあります．

9. 位相幾何への誘い
トポロジー

—— ドーナツはポットに化けるか ——

同相への誘い

ずっと前の第3章で，合同は図形の形と大きさをすべて拘束する概念である．そこから大きさに対する拘束を解放すると，一段と普遍的で汎用性のある上位概念としての相似が生まれる．さらに，点と線のつながり方だけを保存して形に対する拘束を解放すると，さらに上位の**同相**という概念が生まれる，と書いたことがありました．

図9.1に，これらの概念を比較するための一例を描いてあります．同相のところを見ていただくと，左の図形は円から左右へ短かい線が出ていますが，右の図形では，三角形から左上と右上へ線が出ています．しかし，1本の線分の始点と終点がくっついてできる1つ

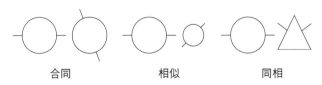

合同　　　　　　相似　　　　　　同相

図 9.1　合同・相似・同相

の閉曲線から2本の線が出ているという，点と線の結びつき方に関する限り，左と右の図形に相違はありません．だから，この2つの図形は同相なのです．

こういう観点から見れば，図9.2に並んだ図形は，いずれも同相です．心臓に毛が生えたような図形も，スナック菓子のポリンキーが手旗信号を送っているような図形も，ローマ字のAも，かたかなのタも，すべて1つの閉曲線から2本の線が出ているからです．

ただし，(c)と(d)は少し性格が異なります．かりに，(a)から(h)までの8つの図形が，それぞれ細くて柔らかいゴムか鉛のひ_{・・}もでできていて，伸ばしたり縮めたり曲げたりが自在にできると思ってください．そうすると，線を切り離したり貼りつけたりしなくても，(a)を(b)に作り直すことが可能です．同様に，(a)，(b)，(e)，(f)，(g)，(h)どうしの間では，互いに形を作り変えることができます．

ところがです．(c)では1本，(d)では2本の線が，閉曲線の外側へではなく内側に向かって生えています．内側に向かっている線は，閉曲線を切ることなしには，外側に向きを変えることができません．こういうとき，(c)と(d)は他の6つの図形と**相**は同じであ

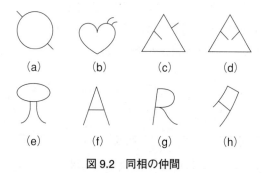

図9.2　同相の仲間

るけれど，**位**は異なっているといいます．(c)と(d)どうしも相は同じですが，位が異なっているわけです[*1].

　もっとも，(a)〜(h)の図形が平面内に拘束されているのではなく，3次元空間に描かれているなら話は別です．閉曲線の内側へ向かっている直線をつまみ上げて外側へ向けることができるので，(a)〜(h)のすべてが「位」も「相」も等しいことになります．

　位相幾何学(topology)[*2] は，このような点と線と面のつながり方を研究し，体系化しようという学問です．それなら，パズルっぽくて楽しそうなどと，なめてはいけません．数学のプロの口調を真似れば，位相幾何学は「位相写像，つまり，1対1対応で両連続の写像によって変らない図形の性質を研究する学問」なのです．だから，真っ向から取り組むのは私たちにとって荷が重すぎます．そこで，この件について深入りするのはやめて，とりあえず同相の仲間に共通している性質を整理していこうと思います．

グラフ理論の原理

　まずは，点と線のつながりに着目しましょう．点と線だけでできている図形を**グラフ**と総称し，その位相的な性質を明らかにする研究は，**グラフ理論**と呼ばれて位相幾何学の対象とされていますから，位相幾何の雰囲気を味わう第一歩として，もってこいです．

[*1] **位**はドイツ語のLage(位置)から，**相**はGestalt(形)からとったものだそうです．

[*2] トポロジー(topoloty)は，ギリシア語の位置(topos)と学(logos)をくっつけた言葉だそうです．なお，単に位相のこともトポロジーといいます．

210

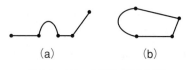

(a)　　　　　　　(b)

図9.3　開いた道と閉じた路

なんといっても，いちばん簡単なグラフは，有限の長さの線です．線は直線でも折れ曲がっていてもの̇た̇く̇っ̇て̇いてもかまいません．また，線はもともと点の集まりみたいなものですから，線のいたるところが点であると考えてもいいのですが，線の両端（12ページの定義）と折り目，節目のところに点を意識すれば十分でしょう．それよりも，線の両端が離れているか一致しているかのほうが本質的です．図9.3のように，(a)**開いた道**になるか，(b)**閉じた路**になるかの相の違いが生まれるからです[*3]．

このように，開いた道と閉じた路とでは相が異なるのですが，相が異なると数学的にどのような相̇違̇が出るのでしょうか．点と点とを結ぶ線を1本とかぞえて，点の数と線の数の関係に注目してください．植木算の助けを借りるまでもなく

開いた道では　　　点の数 − 線の数 = 1　　　　　　(9.1)

閉じた路では　　　点の数 − 線の数 = 0　　　　　　(9.2)

であることが，わかります．グラフ理論では

点の数を　v

線の数を　e

と書く習慣があるので，この作法にしたがうと

開いた道では　　　$v − e = 1$　　　　　　(9.3)

閉じた路では　　　$v − e = 0$　　　　　　(9.4)

[*3]　線の両端が離れていれば**道**(palh)，くっついていれば**路**(circuit)と使い分けることが多いようですが，あまり意識することはないでしょう．

です．1と0は数学を代表する値ですが，互いに決定的に異なった性質を持った値です．開いた道と閉じた路の性格が決定的に異なることが読みとれるではありませんか．

なお，式(9.3)と式(9.4)は，道についての**オイラーの定理**と呼ばれ，グラフ理論にたくさん現れるオイラーの公式のはしりです[*4]．

つぎへすすみましょう．図9.4の(a)を見てください．これは**木**(tree)と呼ばれるグラフです．木は道の途中や端点から枝分かれしたグラフの総称で，同じ箇所からなん本に枝分かれしてもかまいません．木の特徴は，ある点から他のどの点へも1とおりの径路しかないことです．かりに図9.4(a)で，カとクを結ぶ線を追加すると，カからケに至る径路がカーキーケとカークーケの2とおりもできてしまうので，そのグラフはもはや木ではありません．

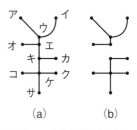

図9.4　木と森のグラフ

木では，点と線の数の間に

$$点の数 - 線の数 = 1 \quad つまり \quad v - e = 1 \quad (9.5)$$

の関係があり，これが，木についての**オイラーの定理**です．なぜ，この関係があるかについては，木のグラフを観察すれば容易に納得

[*4]　レオンハルト・オイラー(Leonhard Euler, 1707年～1783年)．スイス生まれの18世紀最大の数学者です．業績は驚くほど多方面に及び，オイラーの名を冠した定理，公式，定数，図式などがたくさん知られています．グラフ理論については，有名な「ケーニヒスベルクの橋」の問題をひとふで書きの理論で決着をつけたのがきっかけとなって，体系化されたといわれています．

できます．左上の小枝を取り除くと点アと線アウが減ります．右上の曲がった小枝を取り除くと点イと線イウが減ります．このように，小枝を取り除くごとに点が1つと線が1本ずつ減少し，上のほうから順に小枝を取り除いていくと最後に点サだけが残ります．だから，木の点の数は線の数より1つだけ多いのです．

なお，開いた道についての公式(9.3)と木の公式(9.5)は，同じでした．これは，開いた道は木のもっとも単純な場合にすぎないからです．

さらにすすみましょう．図9.4(a)の木のグラフから，一例として線エキを取り去ると，グラフは(b)のように2つに分離してしまいます．木グラフでは，ある点から他の点への径路は1つしかないので，1本の線を取り去れば，グラフが分離するのは当然です．このようにして2つ以上に分割されたグラフの一団を，**森**(forest)と呼びます．そして，分割されてできた個々の木(たとえそれが孤立した点であっても)を森の**成分**といい，その数を**零次元ベッチ数**[*5]といいます．零次元ベッチ数は，図形がいくつに分断されているかを示しますから，あとで出てくる1次元ベッチ数や2次元ベッチ数などとともに，図形の基本的な性質を示す**位相的性質**なのです．これらの値が等しくなければ，いくら外見が似ていても，決して同相な図形ではありません．

では，森グラフの点の数と線の数の関係に移りましょう．それは

$$点の数 - 線の数 = 成分の数 \tag{9.6}$$

[*5]　ベッチという用語は，ホモロジー群という概念を作り出した E. Betti (1823年〜1892年)の名を称えたものです．ホモロジー群とは，線や面のつながりに注目したときに使われる基本的な不変量とでも思っておきましょう．

です．成分の数は零次元ベッチ数であり，それを p_0 と書くのがふ
つうですから

$$v - e = p_0 \qquad\qquad (9.7)$$

となり，これが森についての**オイラーの定理**です．

　この関係が成り立つ理由は，つぎのとおりです．森の成分は木で
すし，式(9.5)のように木のひとつひとつについて線より点のほう
が1つだけ多いのですから，森全体では，線より点のほうが成分の
数だけ多いに決まっています．

　この節も大詰にきました．こんどは，一般的なグラフの場合で
す．図9.5(a)のように，道でもなく，木でもなく，森でもない，な
んの特徴もないために名さえ与えられていない平凡なグラフがある
とします．このグラフは，森のようにいくつかの成分に分割される
ことなく，すべての点と線がつながっていますから，**連結グラフ**で
す．

　この連結グラフから，グラフを切断しないように気をつけなが
ら，1本の線を取り去ってください．試みに線アイを取り去ると，
線が1本減ると同時に，アイウという閉ざされた領域も1つだけ減
少しました．つづいて線アオを取り除くと，さらに線が1本と閉領

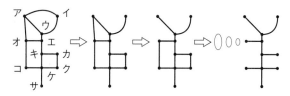

　(a) 元のグラフ　(b) 1本とり　(c) 2本とり　ついに (d) 木グラフ

図9.5　平凡なグラフから木グラフへ

域アオエウが消滅します．こうして，つぎつぎに線を取り除いていくと，グラフを切断することなしには，これ以上の線が取り除けなくなります．木になってしまったのです．こうして生まれた木は，元のグラフの**全域木**といわれます．

なお，1つのグラフから生まれる全域木は，1種類とは限りません．線の取り去り方によって，なん種類もの全域木が生まれるのがふつうです．しかし，最終的な全域木がどのような形であろうと，これから先の理屈は成立しますから，心配はいりません．

では，一般的なグラフの点や線などの関係を調べていきましょう．全域木は元のグラフから線だけを取り除いたものですから，元のグラフにあった点は，すべて全域木の中に生き残っています．そして，この全域木については

$$点の数 - 線の数 = 1 \quad つまり \quad v - e = 1 \quad (9.5)と同じ$$

が成立しているはずです．ここで．この全域木を作るために取り除いた線の数，すなわち消滅した閉領域の数を p_1 と書きましょう．そうすると，元のグラフの線の数 e は，式(9.5)の e より p_1 だけ多すぎたはずです．つまり，式(9.5)に対応する式としては

$$v - (e - p_1) = 1$$

すなわち $\quad v - e = 1 - p_1 \qquad\qquad (9.8)$

が成立していたにちがいありません．これが．ふつうの連結グラフについての**オイラーの定理**です．

最後に，グラフをもっと一般化して，連結ではないグラフへと話を拡げましょう．連結ではない場合でも，各成分ごとに切断せずに取り除ける線をすべて取り去り，成分のすべてを全域木にしてしまったと考えてください．そうすると，取り除いた線の総計を p_1

とすれば，元のグラフについては

点の数－線の数＝成分の数－p_1

すなわち $v - e = p_0 - p_1$ (9.9)

となっていたことに合点がいきます．これが，もっとも一般的なグラフについての**オイラーの定理**です．

ここで使われたp_1，つまり，全域木にするために取り除くべき線の数，いい代えれば，グラフに含まれている閉領域の数を**1次元ベッチ数**といい，零次元ベッチ数p_0とともに，図形の基本的な性質を示す位相的性質であることは，前に述べたとおりです．

[**例題**] ひらがなの文字，**は，ぬ，ね，む，な**，のうち，図形的な性質がもっとも近い2文字を選んでください．

[**解答**] 5つのひらがなについて，零次元ベッチ数p_0と1次元ベッチ数p_1を調べてみてください．その文字がいくつに分割されているかということと，閉領域がいくつあるかを調べるだけですから，わけなく表9.1ができ上がります．p_0もp_1も等しいのは「は」と「む」だけです．したがって，この2文字は図形としての性質が非常に近い仲間です．

p_0とp_1が等しいだけでは同相であるとは限りませんが，「は」と「む」は見事に同相です．「は」の偏と旁(ひらがなでも，こういうのかな？)を入れ代えて，文字の線を少し伸縮したり曲げたりすれ

表9.1 ひらがな5文字の位相的性質

ひらがな	は	ぬ	ね	む	な
p_0	2	1	1	2	3
p_1	1	3	1	1	1

ば，たちまち「む」に変るではありませんか．

正多面体が 5 種類しかないわけ

　正多面体には図 9.6 のような 5 種類しかありません．もし正十面体が存在し得るなら，10 進法に慣れた私たちにとって，ずっと使いやすい 0 〜 9 の目のサイコロができるはずです．けれども，現実には正二十面体の 2 面ずつに 0 〜 9 の文字を刻んだ乱数サイで代用しているのは，そのせいです．

　では，なぜ正多面体は 5 種類しか存在しないのでしょうか．その理由をグラフ理論で解明してみようと思います．その前に，ちょっとした準備をします．

　前節で，連結グラフでは

　　　　　点の数 − 線の数 = 1 − 閉領域の数

　すなわち　　　$v - e = 1 - p_1$　　　　　　　　　　　(9.8) と同じ

の関係があることを，私たちは知りました．ここで閉領域というのは，無限に広い平面から線で囲まれて切り取られた領域のことです．そうすると，閉領域が切り取られたあとには，無残にも p_1 個だけ孔があいた無限に広い平面が残っているはずです．この残された領域も加えれば，領域の総数 f は

正四面体　　　正六面体　　　正八面体　　　正十二面体　　　正二十面体

図 9.6　5 種の正多面体

領域の数 $f = p_1 + 1$ (9.10)

です. この式の p_1 を式 (9.8) に代入すると

$v - e + f = 2$ (9.11)

という関係が求まります. これが, 平面についてのオイラーの定理, かの有名な**オイラーの多面体定理**です.

さらに空想力を駆り立てて, この無限に広い平面を上下と左右からぐるっと向う側へ曲げ, 向う側で上下左右から曲がってきた曲面を貼り合わせたと思ってください. こうすると, 無限に広がっていた平面は, 球面のように閉じた曲面になってしまいますが, この作業の途中では, 点の数にも線の数にも領域の数にもなんの変化も起こりませんから, その閉曲面の上にも, 式 (9.11) の性質が保存されているはずです. つまり, 式 (9.11) は, 閉曲面についての**オイラーの定理**でもあるのです.

これで準備完了です. 多面体は閉曲面ですから

> 頂点の数　を　v
>
> 辺 の 数　を　e
>
> 面 の 数　を　f

とすれば, これらの間には式 (9.11) の関係が成立しなければなりません.

ここで, 正 m 角形が f 個集まって正 f 面体を作っているとし, どの頂点にも n 本の線が入り込んでくるとしましょう. そうすると

$v \cdot n = 2e$ 　　すなわち　　$v = 2e/n$ (9.12)

の関係があるはずです. 左の式の左辺はすべての頂点に入ってくる線の総数ですし, 1 本の線は両端にある 2 つの頂点に入り込むので, それは辺の数の 2 倍に等しいからです.

いっぽう，正 f 面体の辺の数は，2つの面が1つの辺を共有していることに注意すると

$$e = f \cdot m/2 \quad \text{すなわち} \quad f = 2e/m \tag{9.13}$$

でなければなりません．

では，式(9.12)の v と，式(9.13)の f とをオイラーの定理(9.11)に代入してください．

$$\frac{2e}{m} + \frac{2e}{n} - e = 2 \tag{9.14}$$

故に

$$\frac{1}{m} + \frac{1}{n} - \frac{1}{2} = \frac{1}{e} \tag{9.15}$$

となります．ここで，e は正の値なので $1/e$ も正の値ですから

$$\frac{1}{m} + \frac{1}{n} - \frac{1}{2} > 0 \tag{9.16}$$

でなければなりません．この式の両辺に $-2mn$ を掛けると，不等号の向きが変ることに注意すれば

$$-2n - 2m + mn < 0 \tag{9.17}$$

さらに，両辺に坊さんのロバ(197ページ)の4を加えて因数分解すると

$$(m-2)(n-2) < 4 \tag{9.18}$$

となります．正多面体となるためには，正 m 角形の各頂点に入り込む線の数 n が，この条件を満たしていなければなりません．そこで，m と n がいずれも3以上であることを念頭において，m と n がどのようなときに式(9.18)が成立するかを調べてください．

まず，m が3のときには，n が3か4か5のときにしか式(9.18)は成立しません．なにしろ，左辺は4より小さいのですから，n は

5 よりは大きくなれないのです．そして，m が 4 のときには n は 3，m が 5 のときにも n が 3 の場合しか不等式が成立しないのは明らかです．したがって

$$\begin{cases} m=3 \\ n=3 \end{cases} \begin{cases} m=3 \\ n=4 \end{cases} \begin{cases} m=3 \\ n=5 \end{cases} \begin{cases} m=4 \\ n=3 \end{cases} \begin{cases} m=5 \\ n=3 \end{cases}$$

の 5 種類の組合せしか存在が許されないのです．

m と n だけでは正多面体のイメージが浮かばないので，これらの値を式(9.15)に入れて e の値を求め，さらに，それを式(9.13)に入れて面の数 f を求めて，存在可能な組合せを列記すると

$$\begin{cases} m=3 \\ n=3 \\ e=6 \\ f=4 \end{cases} \begin{cases} m=3 \\ n=4 \\ e=12 \\ f=8 \end{cases} \begin{cases} m=3 \\ n=5 \\ e=30 \\ f=20 \end{cases} \begin{cases} m=4 \\ n=3 \\ e=12 \\ f=6 \end{cases} \begin{cases} m=5 \\ n=3 \\ e=30 \\ f=12 \end{cases}$$

となります．このようにして，存在し得る正多面体の面の数は，4，6，8，12，20 だけに限られることが判明しました．

なお，この筋書きでは，正多面体の「正」の条件がどこにも登場していないことにお気づきの方も多いと思います．そのとおりです．同じ数の辺を持ち，形が異なる多角形で作り出される多面体でも，同じ理屈が成り立ちます．たとえば，長方体なども含めてです．しかし，それらを含めても，同じ数の辺を持つ多角形で作り出される多面体は，四面体，六面体，八面体，十二面体，二十面体の 5 種類しか存在できないことが証明されているのです．

曲面の同相を見てください

　前節までは，点と線のつながり方だけを観察してきました．正多面体の面なども取り扱いましたが，それは点と線で囲まれた閉領域を考えただけであり，面として取り扱ったわけではありません．まさに，グラフ理論の基礎のご紹介にすぎませんでした．

　そこで，こんどは面の連なり方に目を移していこうと思います．まず，図 9.7 の(a)をごらんください．いちばん左には，厚さがない丸い平面が描いてあります．もちろん，曲げたり折ったり伸ばしたり縮めたりすることが自由にできます．この平面を切ったり貼ったりすることなしに中央を凹ませて整形すると，洗面器のような形にできますし，さらに深く凹ませていくと，先端が閉じたパイプになるでしょう．だから，この 3 つの図形は同相です．

　(b)には，中央に孔があいた厚さのない CD のような図が描いてあります．トポロジーでは，このような図形をラテン語で小さい環を意味する**アニュラス**と呼んでいます．切ったり貼ったりの破壊行為をすることなくアニュラスを変形していくと，料理で使うセルクルや両端が開いたパイプができますから，これらは同相です．

　(c)には厚みのある円板が描いてあるように見えますが，そうではありません．円板の中はからであり，円板の表皮だけの閉曲面を描いたつもりです．この円板の中に空気を送り込んでふくらませると，球（表皮だけ）になります．また，円板の厚さを保ったまま中央を凹ませていくと，厚さのある洗面器の形を経て，図のような花瓶ができ上がります．だから，これらは似ても似つかないけれど，同相なのです．なお，この花瓶には内壁と外壁だけがあって，ふつう

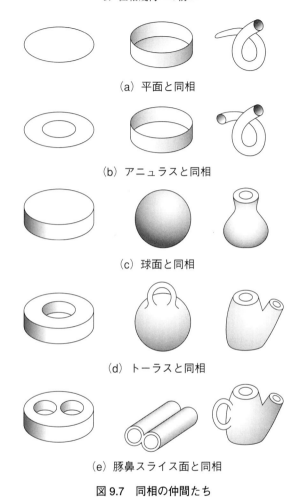

(a) 平面と同相

(b) アニュラスと同相

(c) 球面と同相

(d) トーラスと同相

(e) 豚鼻スライス面と同相

図 9.7　同相の仲間たち

ならガラスなどの素材が詰っている部分がからであることにご注意
ください．ついでに，(a)と(b)とは開いた曲面であったのに，(c)

222

では内部に容積を抱え込んだ閉曲面になっていることにも，ご注意
ください．

　(d)　中央に孔があいたドーナツのような図形をトポロジーの用
語では**トーラス**，または円環面，輪環面といいます．もちろん表皮
だけの閉曲面ですから，食べても太らないところが本品の特徴で
す．(d)の左端は折目がついていますが，トーラスと同相であるこ
とは合点できます．しかし，中央のハンドルの付いた球面がトーラ
スと同相であることを見破るには，トポロジーの目が必要かもしれ
ません．トーラスの一部をハンドルのために残しておき，その他の
部分だけに空気を送り込んで蛙の腹のようにまん丸くふくらませる
と，ハンドルつき球面ができ上がります．

　右側のポットに変えるには，トーラスの孔に棒を差し込み，棒に
沿ってトーラスをキリタンポのように伸ばし，棒ごと２つに折り曲
げてから棒を抜きとり，形を整えていただきます．トーラスと同相
な曲面では，孔が１つだけ貫通しているところが特徴です．

　(e)　ここには，２つの孔が貫通した同様の閉曲面が並んでいま
す．豚鼻スライス面という呼称は私が勝手につけたものですから，
よそで使って恥をかかないようにしてください．豚鼻スライス面が
ハンドルつきポットと同相であることについては(d)の応用です[*6]．

　さらに，貫通する孔の数が３つの閉曲面，４つの閉曲面，……な
ど，いくらでも考えられます．そして，閉曲面の位相的な性質は，
貫通する孔の数によって異なります．位相幾何では，貫通した通路
が１つの閉曲面を**ジーナス１**の曲面といったりします．この言い

[*6]　豚鼻スライス面のことを「２つ孔あきビスケット曲面」と呼ぶ方が多いよ
うです．

方に従うと，球面はジーナス 0，豚の鼻スライス面はジーナス 2 の曲面というわけです．

　いっぽう，図 9.7(b) のアニュラスでも，1 つの孔が貫通していますが，こちらはジーナス 1 の曲面とはいいません．アニュラスは閉曲面ではなく，開いた曲面だからです．なんだか，ごちゃごちゃしてきました．開いた面も閉じた面も含めて，位相の性質を統一的に表示する値はないものでしょうか．215 ページの[例題]で，**は，ぬ，ね，む，な**の 5 文字の中から「**は**」と「**む**」が同相であることを見破る手掛りとなったベッチ数 p_0 と p_1 のようにです．というわけで，つぎへすすみます．

オイラー標数という基準

　217〜219 ページで，多面体では，頂点の数を v，辺の数を e，面の数を f とすると

$$v - e + f = 2 \qquad (9.11) と同じ$$

という，オイラーの多面体定理が成り立つことを利用して，正多角形は 5 種類しか存在しないことを証明しました．正多面体では，面と面との境に折り目がついて，それが辺になっているのですが，切ったり貼ったりしなければ，曲げたり伸ばしたりするのは自由というトポロジーにとって，折り目などは問題ではありません．そのため，正多面体の折り目を滑らかにして全体をのっぺらぼーにすれば，球面に変ってしまいます．貫通する孔のない閉曲面は，図 9.7(c) のようにすべて同相なのですから，これは当然です．

　それなら，球面についても式 (9.11) が成り立つはずです．ところ

が，球面では頂点も辺もなく，閉曲面が1つだけぽっかりと浮いているにすぎませんから，$v = e = 0$, $f = 1$ です．これを式(9.11)に入れると

$$0 - 0 + 1 = 2$$

となって，勘定が合いません．なぜでしょうか．

　それは，点や線や面のかぞえ方に原因があります．式(9.11)が作られた過程を振り返ってみればわかるように，辺とは点と点を結ぶ線，つまり開いた道のことであり，決して閉じた路（閉曲線）のことではありません．道と路とでは位相が異なるのですから，これをごちゃ混ぜにするようでは，トポロジストが泣きます．さらに，面は閉じた路に囲まれた領域のことですから，球面のように宇宙空間にぽっかりと浮いていては困るのです．

　そこで，図9.8(a)のように，球面上に2つの点を決め，その2点を通る2本の線で，球面を2つの領域に切り分けてみてください．こうすれば，点の数 v は2，線の数 e が2，領域の数 f も2ですから

$$v - e + f = 2 - 2 + 2 = 2 \tag{9.19}$$

となって，ちゃんとオイラーの多面体定理(9.11)が成立することが確認できて，ひと安心です．

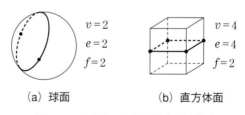

$v = 2$
$e = 2$
$f = 2$

$v = 4$
$e = 4$
$f = 2$

(a) 球面　　　　　(b) 直方体面

図9.8　オイラーの多面体定理を使う

　ついでに，図9.8(b)のほうも見てください．直方体の表面だけの
「直方体面」があります．これはもちろん球面と同相ですから，式
(9.11)が成立するはずです．それを確認するために，図のように4
点を決めて，それらを通って一周する線を入れてみました．そうす
ると，点の数 v は4，線の数 e も4，領域の数 f は2なので

$$v - e + f = 4 - 4 + 2 = 2 \tag{9.20}$$

となって，オイラーの多面体定理(9.11)のとおりです．

　この場合，すなおに，直方体の8つの角を点とし，それらをつな
ぐ12の辺を線とみなせば領域の数は6ですから

$$v - e + f = 8 - 12 + 6 = 2 \tag{9.21}$$

が成立します．このように，球と同相の閉曲面では，領域と点と辺
の数を間違えずにかぞえさえすれば，必ず式(9.11)が成立すること
が確認できます．実は

$$v - e + f = K \tag{9.22}$$

の値を**オイラー標数**といい，いろいろな図形の位相が等しいか否か
の判断基準に使われる重要な値です．孔が抜けていないジーナス0
の閉曲面では，K が2でした．

　それでは，ジーナス0の閉曲面ではない曲面のオイラー標数は，
いくつでしょうか．まず，ぺちゃんこな曲面の場合を図9.9で見て
ください．(a)は孔のない1枚の平面ですが，もちろん，曲がって
いても差し支えありません．その縁を路ではなく道にするために，
適当に2つの点を決めると

$$v - e + f = 2 - 2 + 1 = 1 \tag{9.23}$$

ですから，平面と同相な仲間たちのオイラー標数 K は1です．

　(b)には，アニュラスの場合を描いてあります．図9.9のように

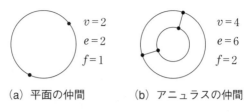

（a）平面の仲間　　（b）アニュラスの仲間

図 9.9　ここにもオイラーの多面体定理

点と線を入れると

$$v - e + f = 4 - 6 + 2 = 0 \qquad (9.24)$$

ですから，アニュラスのオイラー標数 K は 0 です．

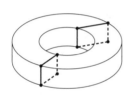

図 9.10　トーラスの仲間

　こんどは，トーラスのオイラー標数を調べます．図 9.10 をごらんください．ドーナツのように丸みのある図形を幾何学的に描くのはむずかしいので，孔が貫通した円板を描いてあるところは，図 9.7 のときと同じです．いいぐあいに，上面，下面，外側面，内側面の境に折り目がついているので，それを線とみなしましょう．そして，図のようにトーラスを 2 箇所で切り分けて，路を道にするとともに，領域が道で囲まれるようにしましょう．そうすると，領域の数 f は，上面に 2 つ，下面に 2 つ，外側面に 2 つ，内側面に 2 つの，計 8 つです．線の数 e は，上と下に 4 本ずつ，切断面に 4 本ずつで，計 16 本あります．点の数 v は図示のとおり 8 つ……．したがって

$$K = v - e + f = 8 - 16 + 8 = 0 \qquad (9.25)$$

となり，トーラスのオイラー標数は，アニュラスの場合と同じ0に
なります．

　これは困ります．オイラー標数は図形の位相が等しいか否かの重
要な判断基準であったはずなのに，これだけでは，アニュラスと
トーラスの区別がつかないではありませんか．そこで，点と線だけ
の図形の場合に位相の重要な判断基準となったベッチ数に，再登場
してもらいましょう．

オイラー・マクローリンの公式

　点と線とでできたグラフの場合，成分の数を**零次元ベッチ数** p_0
というのでした．木の p_0 は1，森の p_0 は2以上，というようにで
す．p_0 については，曲面の場合でも同じです．2つ以上の成分に分
離していない曲面の p_0 はすべて1ですから，図9.7の図形はすべ
て $p_0 = 1$ です．

　点と線でできたグラフの場合，グラフに含まれている閉領域の数
を**1次元ベッチ数** p_1 というのでした．曲面の場合も同様な思想な
のですが，つぎのように考えると理解しやすいように思います．

　図9.11(a)を見ていただきましょうか．開いた面の上に点線で閉
曲線が描いてあります．この閉曲線の中にはなにもありませんか
ら，閉曲線をどんどん小さくしていくと，ついには閉曲線に囲まれ
た領域は消滅してしまうにちがいありません．こういうとき，この
閉曲線は0に**ホモローグ**であるといいます．(a)の面上にはいくつ
でも閉曲線を描くことはできますが，すべてが0にホモローグです
から，面上のどこにも閉領域が残らないようにできます．したがっ

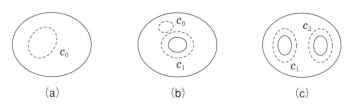

図 9.11　1 次元ベッチ数をかぞえる

て，(a)の面の 1 次元ベッチ数 p_1 は 0 です．

　こんどは，図 9.11(b)のアニュラスに目を移してください．閉曲線を c_0 のように描けばいくらでも収縮できますから，0 にホモローグです．しかし，c_1 のように孔を取り巻いて描かれた閉曲線は，孔が邪魔になって最後までは収縮できません．孔を取り巻く閉曲線はいくらでも描けますが，このグループの閉曲線はみな同じ運命をたどります．このように，アニュラスには，0 にホモローグではない閉曲線が，1 グループだけ存在します．だから，アニュラスの 1 次元ベッチ数 p_1 は 1 なのです．

　つぎは，図 9.11(c)です．こんどは孔が 2 つあいていますから，c_1 と c_2 の 2 グループの閉曲線が 0 にホモローグではありません．したがって，p_1 は 2 です．なお，2 つの孔をいっしょに囲い込むような第 3 の閉曲線は，考える必要はありません．それは，点と線だけのグラフにおいて 2 つの領域がくっついているとき，個々の領域とは別に，両方をいっしょにした領域をかぞえる必要がないことと同じ理屈です．

　つづいて，図 9.12 のトーラスにすすみます．こんどは，外見はドーナツと同じですが，中身のない表皮だけの閉曲面です．トーラスの上には 0 にホモローグでない閉曲線が 2 種類あります．ひとつ

は，c_1 のようにドーナツの輪にそっ
て一周する閉曲線であり，もうひとつ
は，c_2 のようにドーナツを輪切りに
する方向に一周する閉曲線です．だか
ら，トーラスの1次元ベッチ数 p_1 は
2 です．図9.7 に描かれたトーラスと

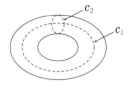

図9.12　トーラスの場合

同相のポットでも，同様であることを確認してみてください．

　これで安心しました．私たちは前の節で，アニュラスとトーラス
のオイラー標数 K がともに0なので，これだけでは両者が識別で
きないと悩んだのでしたが，1次元ベッチ数はアニュラスでは1な
のに，トーラスでは2ですから，こちらの値でちゃんと識別できる
ことを知りました．

　先を急ぎましょう．そろそろ，オイラー標数 K，零次元ベッチ
数，1次元ベッチ数などの関係を整理して，同相の仲間を識別する
一覧表くらいはお見せしないと，位相幾何の納りがつきません．

　私たちは3次元空間に住んでいます．だから，左右，前後，上下
の3方向があります．しかし，面は2次元です．面の上では左右と
前後方向はありますが，上下の方向はありません．また，線は1次
元です．線に沿っての前後だけしかないからです．そうすると，点
は零次元です．点の世界には，左右も前後も上下も存在しないから
です．

　こういうわけで，1次元ベッチ数では線が主役であり，線が連
なっていくつの閉領域を作り出すかを，1次元ベッチ数と呼んだの
でした．同様な感覚でとらえると，零次元ベッチ数では点が主役で
すから，点が連なって作り出した閉領域の数，つまり，グラフの成

分の数を零次元ベッチ数と呼ぶのは，ごく自然なことでした．

それなら，面が主役となり，面が連なって作り出している閉領域の数を**2次元ベッチ数** p_2 と呼ぶのは，ごく自然の成りゆきではありませんか．そうすると，平面やアニュラスでは囲い込まれた閉領域がありませんから，p_2 は0です．いっぽう，球面やトーラスでは1つの閉領域，つまり閉ざされた空間が囲われていますから，p_2 は1です．もし球面の中に隔壁を設けて空間を2つに分けると，p_2 は2になります．昔の気球は p_2 が1だったので，どこかに孔があくと p_2 が0になって，たちまち萎んで墜落してしまったものですが，いまでは気球の内側にたくさんの隔壁を作ってあると聞きます．p_2 をいくつぐらいにしてあるのでしょうか．

閑話休題．前にも触れたように，零次元ベッチ数 p_0，1次元ベッチ数 p_1，2次元ベッチ数 p_2 は**位相的性質**です．すなわち，位相が同じ図形では，必ず p_0，p_1，p_2 の値が等しくなります．では，3次元ベッチ数や4次元ベッチ数などは，どうでしょうか．数学的には考えられますが，立体空間が主役になって4次元空間から切りとった領域の数 p_3，などという4次元の世界は，私たちの身近には存在しないか，存在したとしても気がつきませんから，p_3 が問題になることはありません．p_4 以上なら，なおさらです．

前節でご紹介したオイラー標数 K も，位相的性質でした．位相が同じ図形なら，必ず K も同じになります．ただし，K が同じでも，必ずしも位相が等しいとは限らないので，さらにベッチ数の助けを借りる必要があったのでした．実はオイラー標数 K と零次，1次，2次元ベッチ数 p_0，p_1，p_2 の間には，つぎの関係があることが知られています．

$$K = p_0 - p_1 + p_2 \tag{9.26}$$

この関係は，**オイラー・マクローリンの公式**と呼ばれています．

表 9.2 に，開いた面と閉じた面のいろいろな図形について位相的性質の一覧表を作ってみました．貫通する孔の数がもっと多い場合についても，この表から類推していただけるでしょう．

表 9.2　位相的性質の値

図形		p_0	p_1	p_2	K
開いた面		1	0	0	1
		1	1	0	0
		1	2	0	-1
		1	3	0	-2
閉じた面		1	0	1	2
		1	2	1	0
		1	4	1	-2
		1	6	1	-4

とんだ変り者たち

　バスや鉄道の路線図は，現実の路線と同相でなければ役に立ちません．また，デフォルメした彫刻などは，モデルと相似ではありませんが，同相にはなっていることが多いようです．さらに，ちょっと見には同相と思えないようなものでも，トポロジストの目で観察すると，同相であることを発見することも少なくありません．221ページの図9.7のようにです．

　ついでに，ちょっと遊んでみましょう．図9.13にへんな図形が3つ並んでいます．これらの位相的性質に注目して，どのような図形と同相であるかを見破ってください．なお，3つとも図形が一体で2つ以上に分離していませんから，いずれも零次元ベッチ数 p_0 は1です．

　（a）　トーラスと同相です．図9.12のときと同じように，0にホモローグではない閉曲線は2種類なので，p_1 は2です．また，閉じた空間は1つだけなので，$p_2 = 1$ だからです．ただし，「位」はトーラスと異なります．切ったり貼ったりせずにトーラスに変形させることができないからです．

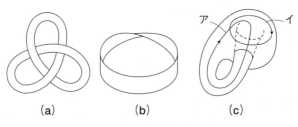

図9.13　とんだ変り者たち

　(b)　有名な**メビウスの帯**です．テープの両端を 180° ねじって貼り合わせるだけで簡単に作れ，表を辿っていくといつの間にか裏に出ているなど性質がおもしろいので，小学校でも紹介されることがあるほどです．メビウスの帯は，アニュラスと同相です．0 にホモローグではない閉曲線が 1 種類だけあるので，p_1 が 1 だからです．納得いかない方は，メビウスの帯を作って，帯の上に線を引いてみてください．2 周したあと元に戻る 1 種しかないことが確認できますから．

　実は，メビウスの帯には，トポロジーにとって興味の尽きない性質がたくさん秘められていて，空間の性質を調べるうえで貴重な題材となっています．だから，たかが「ねじりはち巻」とばかにしないでください(279 ページ参照)．

　(c)は，**クラインの壺**といわれる代物です．どんな形かと聞かれても言葉ではうまく説明できません．クラインの壺は，うんと幅の広いメビウスの帯，つまり筒形のメビウスの帯をぐるっと曲げてドーナツ状に貼り合わせたものと考えればいいのですが，つぎのように考えても結構です．

　私たちがトーラスを作ろうとするなら，まず，四角の紙をまるめて筒を作り，その筒を曲げて先端どうしを突き合わせて貼り付けるでしょう．この「先端どうしを突き合わせて」の代りに，「先端どうしを同じ方向から」貼り合わせると，クラインの壺になるのです．むりやり絵に描くなら，(c)のようにでも描くほかないのですが，図の中のアは，最初に四角の紙をまるめて筒を作ったときの継ぎ目のつもりですし，イのほうは，最後に両端を同じ方向から貼り合わせたときの継ぎ目を囲む，0 にホモローグでない閉曲線のつも

りです.

　クラインの壺には，外側と内側を区別するものはなにもありません. メビウスの帯の表側を這っていた虫が，いつの間にか裏側にいるように，クラインの壺の外側を這っていた虫が，いつの間にか内側にいたりします. 1次元ベッチ数 p_1 は1ですから，アニュラスと同相な曲面です.

　クラインの壺が，3次元空間の中で実現することは，ほんとうは不可能です. 自分のどてっ腹に孔をあけて自分の尻尾を差し込むなどという所業は，トポロジーの世界では許されるはずがないからです. それにもかかわらず，どてっ腹に孔をあけずに同じ方向から貼り合わせることができるとして話をすすめるところが，数学の特権なのでしょう.

　この章の最後になって，位相幾何の本質を少々なおざりにしてしまったと悔んでいます. 最初に書いたように，位相幾何は「位相写像，つまり，1対1対応で両連続の写像によって変らない図形の性質を研究する学問」です. 同相がその性質の重要な部分であるにしても，同相の判定ばかりに目を向けすぎてしまったと反省しきりです.

　幸いなことに，最終章の「射影幾何」のところで，他の幾何との関連について若干の補足をする機会があると思いますから，それに免じてお許しください.

10. 非ユークリッド幾何のあらまし

—— 曲がっているのはへそだけじゃない ——

球面の上で幾何が成り立つか

　もうだいぶ前になりますが，旅客機の航続距離が短かったころ，日本からニューヨークやワシントンへ向かう便は，アラスカのアンカレッジに立ち寄って燃料を補給するのが常でした．世界地図を眺めながら，ハワイで燃料補給をするほうが近道ではないのかなと疑問に思ったこともありましたっけ．

　いまでは旅客機の性能が良くなったので，東京からアメリカの東海岸までひとっ飛びです．それにもかかわらず，アンカレッジのすぐ近くを通る航路に沿って飛んでいきます．そのおかげで，オーロラ見物の幸運に恵まれることもあるのですが，それにしても，なぜ，そんなに遠回りするのでしょうか．

　多くの方がご存知のように，それは遠回りではなく，地表上で東京とニューヨークあたりを結ぶ最短のコースなのです．幾何の常識にしたがって2点を結ぶ最短コースを直線と呼ぶなら，それが東京とニューヨークあたりを結ぶ直線といってもいいでしょう．この最短コースは，東京とニューヨークと地球の中心を通る平面で地球を

輪切りにしたときの切り口，つまり，地球の**大円**に沿っています．

　一般に，球面上の 2 点を通る大円は，その 2 点を結ぶ最短のコースを与えます．なぜ，大円に沿ったコースが最も短いかについては，球面上の 2 点を通るあらゆる曲線の中で，もっとも曲がり方（曲率）が小さい曲線は大円だから，という説明で納得していただけることと思います．

　このように，球面における大円は，平面のときの直線と同格です．それなら，大円を直線とみなせば，球面上でも平面上と同じような幾何学が成立するでしょうか．調べてみると興味ある事実につぎつぎと直面します．

　まず，平面上では，「与えられた点を通り与えられた直線に平行な直線が 1 本だけ存在する」のでした．この平行線とは，同一の平面上にあって，両方向に限りなく延長しても，いずれの方向においても交わらない直線をいうのでした．ところが，球面上の直線とみなせる大円は，どの大円どうしでも必ず 2 点で交わってしまいます．これは，球面には平行線が存在しないことを意味します．

　この場合，地球の経線どうしは確かに北極と南極で交わるけれど，緯線のほうはぜんぶ平行ではないか，などと言いっこなしです．赤道を除くすべての緯線は大円ではありませんから，2 点間の最短距離を与える「直線」とはいえないのです．

　つぎに愉快なのは，球面上には二角形が存在することです．球面上で中心に対称な位置にある点を互いに**対心点**または**対点**というのですが，一対の対心点を通る 2 つの大円で切り取られた領域のうち，小さいほうを**球面二角形**といいます．球面二角形では 2 つの頂角どうしが等しく，その大きさを θ とし，球の表面積を S とする

と，球面二角形の面積 $S(\theta)$ は

$$S(\theta) = \frac{\theta}{2\pi} S \qquad (10.1)$$

となることは，もちろんです．

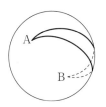

図 10.1　球面二角形

　なお，球面二角形は2つの角どうしが等しいばかりか，2つの辺も等しいので，いうなれば正二角形です．平面上での正二角形を認知してはどうかと（104ページ）ふざけた提案をしている私としても，元気づけられる事実です．

　つづいて球面三角形を見ていきましょう．互いに対心点ではない3点を大円で結

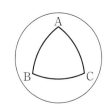

図 10.2　球面三角形

んでできる領域を球面三角形といい，平面上の三角形と同様な性質もありますが，異なる性質もあります．決定的に異なるのは

内角の和は2直角より大きい

ことでしょう．第1章でくどいほど述べたように，ユークリッド幾何では，「平行線が1本だけある」ことと「三角形の内角の和が2直角である」ことは同じ意味を持つのでしたから，平行線が1本もない球面上で，三角形の内角の和が2直角でないのは当然のことと諦めてください．

　その代り，平面上の三角形と同じ性質もたくさんあります．そのうちのいくつかを列挙してみましょう．ここで，$\overset{\frown}{AB}$ は辺 AB を表わすとともにその長さも表わし，また，∠A は A の頂角の大きさを示します．

238

(a) $\overset{\frown}{AB} = \overset{\frown}{AC}$ なら∠B = ∠C(二等辺三角形みたい). この逆も成立します.

(b) $\overset{\frown}{AB} > \overset{\frown}{AC}$ なら∠C >∠B, 逆も成立.

(c) 1 近は他の2辺の和より短く, 差よりは長い.

(d) 同じ球面上または同じ半径の球面上にある2つの球面三角形△ABCと△A′B′C′において

$$\overset{\frown}{AB} = \overset{\frown}{A'B'}, \quad \overset{\frown}{AC} = \overset{\frown}{A'C'}, \quad ∠A = ∠A' \text{（2辺夾角）} \quad (10.2)$$

なら, これら2つの球面三角形は合同です. つまり

$$\overset{\frown}{BC} = \overset{\frown}{B'C'}, \quad ∠B = ∠B', \quad ∠C = ∠C' \quad (10.3)$$

です. すなわち, 平面上のユークリッド幾何と同じように, 2辺夾角が等しい三角形は合同なのです.

これらの性質のうち, (d)を証明してみましょう. ごめんどうならとばしても結構ですが, ざっと筋を追ってくださると, 大円を直線と同格に扱うことによって, 球面上でも, 平面のときと同じように論理が流れることを実感していただけると思います.

では, 図10.3を頼りに証明をはじめます. 2つの球面三角形を同じ球の上に描くのはややこしいので, 半径が等しい別々の球OとO′の上に描いてありますが, 同じ球の上にあっても理屈は同じです.

まず, OABの3点で決まる平面をm, OACの3点で決まる平面をnとしましょう. そして, 平面m内でOAに垂線を立て, OBとの交点をb, また, 平面n内でOAに垂線を立て, OCとの交点をcとします. △A′B′C′のほうにも同様にしてb′とc′を決めてください. そうすると, 題意によって∠A = ∠A′ですが, それはmとnが作る角とm'とn'が作る角が等しいことを意味します. そこで, OAとO′A′が重なるようにmとm'を重ねれば, nとn'

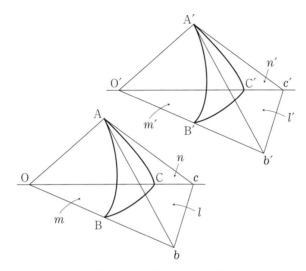

図10.3　球面三角形の合同

も重なってしまうはずです．そのとき

$$OA = O'A' \quad (\text{ともに球の半径だから})$$
$$\angle AOb = \angle A'O'b' \quad (\overset{\frown}{AB} = \overset{\frown}{A'B'} \ \text{だから})$$
$$\angle OAb = \angle O'A'b' \quad (\text{ともに直角だから})$$

(10.4)

　故に　　　△OAb ≡ △O'A'b'　（ASA 合同）　　　　　　(10.5)

　同様に　　△OAc ≡ △O'A'c'　　　　　　　　　　　　　(10.6)

したがって，b と b′ は重なるし，c と c′ も重なります．それなら，
平面 Obc（l とします）と平面 O'b'c'（l' とします）も重なるに決まっ
ています．故に

$$\angle B = \angle B' \quad (l \ \text{と} \ m \ \text{の角} = l' \ \text{と} \ m' \ \text{の角})$$
$$\angle C = \angle C' \quad (l \ \text{と} \ n \ \text{の角} = l' \ \text{と} \ n' \ \text{の角})$$
$$\overset{\frown}{BC} = \overset{\frown}{B'C'} \quad (\angle BOC = \angle B'O'C' \ \text{だから})$$

(10.3)もどき

これで証明が終りました．2辺夾角が等しい三角形は合同という，平面幾何ではあたりまえの事実が球面上でも成立するのです．

　いかがでしょうか．大円を直線と同格に扱うと，球面の上でもちゃんとつじつまの合う論理が展開できるではありませんか．このような幾何は**球面幾何学**とよばれています．そして，球面幾何では直線に匹敵する大円どうしが必ず交わってしまうので，平行線が存在しないことが大きな特徴です．

　私たちは地球上に生きています．そして，地球はほぼ球です．だから，ほんとうは平面幾何より球面幾何のほうが身近で現実的な幾何であるはずなのに，天文学や測地学に携わる方々を除いては，あまり興味を示されません．きっと，日常的な感覚では，私たちは球面ではなく，平面の上で生活しているからでしょう．そして，それより大きな理由は，平面幾何のほうが紙の上に図を描いて研究するのに，ずっと適しているからなのでしょう．

　ところで，球面幾何では，直線の役割を担う大円どうしがすべて交わってしまうので，平行線がありません．これは，平行線の存在について悩んだあげくに「与えられた点を通り与えられた直線に平行な直線が1本だけ存在する」ことを前提として構築されたユークリッド幾何とは，あい容れないものです．そこで，「平行線が1本だけ」ではない前提のうえに成立する幾何を**非ユークリッド幾何学**といいます．球面幾何も非ユークリッド幾何のひとつなのです．

非ユークリッド幾何の誕生

　非ユークリッド幾何は不思議な星の下に生まれました．第1章

でしつこく述べたように，ち密で整合がとれているが故に，「人類最大の知的財産」とさえ絶賛されるユークリッド幾何の中で，ただひとつ喉にささった骨のようにすっきりしないのが「平行」という概念です．なにしろ，2直線が無限の先でも交わらないのが平行なので，どう表現しても「無限」という非日常的ですっきりしない感覚がつきまとってしまいます．だから，幾何の理論を組み立てるに当って，互いに合意したうえで話をすすめましょうという5つの公準(12ページ)のうち，4つまでは自明のこととして同意できるのに，5つめの平行に関する項だけが，もってまわった表現になってしまい，幾何学のスキャンダルといわれるくらい論議の的となったのでした．

そこで，多くの研究者たちが，なんとか他の公準や公理などを使って第5公準を証明するなり，すっきりした形に言い換えるなりしようと，努力を重ねたわけです．その中のひとつにサッケーリ先生[*1]の試みがあります．

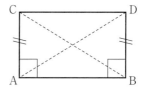

図10.4　サッケーリの試み

サッケーリ先生は，つぎのように考えました．図10.4のように線分 AB の両端から同じ長さの垂線 AC と BD を立て，C と D とを直線で結びます．そうすると

$$\triangle\,ABC \equiv \triangle\,ABD \quad \text{(SAS 合同)} \tag{10.7}$$

故に　　$\triangle\,CDA \equiv \triangle\,CDB \quad \text{(SSS 合同)}$ \hfill (10.8)

---

* 1　G. Saccheri(1667 年〜1733 年)．ミラノのイエズス会に所属した司祭で数学者．

　だから　　　∠C = ∠D　　　　　　　　　　　　　(10.9)

ここまではいいのですが，まだ，∠Cと∠Dが∠R（直角）なのか，それとも∠Rより大きいのか小さいのかはわかりません．念のために申し上げますが，「三角形の内角の和は2∠R」という命題は公準5と同値（13ページ）ですから，ここで使ったりしたら，言葉のすり換えにしかすぎないので，証明にはなりません．

　ここで，先生は3つの仮定を立てました．

　(a)　∠C = ∠D = ∠R　　（直角仮定）

　(b)　∠C = ∠D ＞ ∠R　　（鈍角仮定）

　(c)　∠C = ∠D ＜ ∠R　　（鋭角仮定）

の3つです．このうち，(a)であることが証明されれば，それが公準5と同値であることが知られていましたから，公準5を証明したことになるのですが，それができないから苦労しているのです．そこで，(b)あるいは(c)の下で論理をつぎつぎに組み立てていきます．そして，(b)の場合にも(c)の場合にも論理的な矛盾が生じたら，しめたものです．(b)も(c)もまちがっているのだから，(a)だけが正しいことが証明されるではありませんか．

　こうしてサッケーリ先生は，(b)鈍角仮定と(c)鋭角仮定のもとで，つぎつぎと幾何学の論理を組み立てていきました．そうすると，不思議な性質が立証されていきます．たとえば，(b)鈍角仮定のもとでは

- 定直線から垂直に立てられた長さが一定の線分の端点の軌跡は，定直線に対して凸な曲線になる．図10.5のようにです．
- 平行線は存在しない．
- 三角形の内角の和は2∠Rより大きい．

これを見て，変だなと思うかもしれませ
ん．けれども，変だと感じるのは，私
たちが馴れ親しんできたユークリッド幾
何を判断の基準にしているからではない
でしょうか．その証拠に，図 10.4 と図

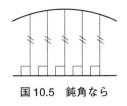

国 10.5　鈍角なら

10.5 を見較べてみてください．いまは ∠C と ∠D が ∠R より大き
いと仮定しているのですから，C と D を結ぶ線が盛り上がってい
るのは当然です．そして，凸形に盛り上がった線は，右と左の遠く
のほうで定直線と交わるにちがいないし，どの直線についても同じ
ことが起こるのですから，平行線が存在するはずがありません．ま
た，三角形の 3 辺がふっくらと盛り上がっているなら，三角形の内
角の和が 2∠R より大きいのも当然です．

このように，鈍角仮定に基づいた幾何を組み立ててみると，ユー
クリッド幾何に反する事実がたくさん現れます．けれども，互いに
理論的に矛盾する事実は見つかりません．

そこで，こんどは (c) 鋭角仮定を出発点にして，幾何の理論を組
み立てていきました．そうすると

- 定直線から垂直に立てられた長さが一定の線分の端点の軌跡
  は，定直線に対して凹な曲線になる．
- 平行線は束になって存在する．
- 三角形の内角の和は 2∠R より小さい．

などなど，ユークリッド幾何に馴れ親しんだ私たちにとっては，奇
妙と思える理論が展開されていきます．しかしながら，それらどう
しはきちんとつじつまが合っていて，自己矛盾を含むような理論
は，ついに現れてきません．

　サッカーリ先生は参ってしまいました．鈍角仮定または鋭角仮定から出発して論理的な矛盾が生じることを突きとめ，それを依り拠にして直角仮定と同値な公準5を証明しようとした企ては，うまくいかずに終ってしまいました．

　企てには失敗したものの，実はサッカーリ先生は，たいへんな発見をしていたことになります．なにしろ，ユークリッド幾何のほかにも理論的に自己矛盾のない幾何が成立することを発見していたからです．しかし，この先生のユークリッド幾何に対する信奉心は非常に強く，ユークリッド幾何のほかにそれに匹敵するような幾何が存在し得るなどとは思ってもみなかったために，これらの発見を業績として世に問うことはしませんでした．そのため，非ユークリッド幾何の創始者としての名誉を後世の学者たちにゆずることになったと伝えられています．

　こういう星の下に生命の種を宿した非ユークリッド幾何は，その後，他の数学者たちの手によって一人前に育てられていきます．その際，鈍角仮定の種から育てられた幾何と鋭角仮定の種から育った幾何とでは，おのずから異なる理論体系ができ上がっていくのです

表10.1　ユークリッド幾何と非ユークリッド幾何

サッカーリの仮定	平行線	三角形の内角	創始者	呼び名	分　類
直角	1本だけ	2直線	ユークリッド	放物幾何	ユークリッド幾何
鈍角	なし	より大	リーマン[*2]	楕円幾何（球面を含む）	非ユークリッド幾何
鋭角	たくさん	より小	ロバチェフスキー[*3]ボヤイ[*4]	双曲幾何	

が，この両方をひっくるめて**非ユークリッド幾何**といいます．その
細部にはいる前にこれらの関係を表 10.1 に整理してみましたので，
いちべつしておいてください．

　なお．表の中の**放物幾何，楕円幾何，双曲幾何**という呼び名は，
クラインの壺(233 ページ)に名が残るクライン先生[5]が命名したも
のですが，その理由は素人むきではありません．私たちは，それぞ
れの幾何の数学的構造を言い表わしていると思っておきましょう．

リーマン幾何学

　サッケーリ先生の鈍角仮定のもとに芽ばえた幾何は，その後，
リーマン先生によって見事に整合した論理体系へと構築されてき
ました．どのような論理体系かというと……，これを私ごときが文
章と数式で表現しようとすると，舌がもつれて何を言っているのか
訳がわからなくなりそうです．そういうときには，目に見えるモデ
ルを利用するに限ります．

　鈍角仮定のもとでは，平行線は存在しないし，三角形の内角の和
が $2\angle R$ より大きくなるのでした．そういえば，この章の冒頭で
見ていただいた球面幾何でも平行線は存在しないし，三角形の内角
の和は $2\angle R$ より大きくなるのでしたから，リーマン幾何のモデ

＊2　B. Riemann(1826 年〜 1866 年)，ドイツの数学者．

＊3　N. I. Lobachevsky(1792 年〜 1856 年)，ロシアの数学者．

＊4　Bolyai János(1802 年〜 1860 年)，ハンガリーの数学者．

＊5　F. Klein(1849 年〜 1925 年)，ドイツの数学者．数学の多くの分野に業績
　　を残しています．たとえば，図 10.9 〜図 10.11 のモデルもクライン作です．

ルを球面の上に作れないものでしょうか．実は，球面幾何はリーマン幾何の基本的な部分にすぎないといっても過言ではありませんから，リーマン幾何は球面上で考えるのが，まず第一歩です．

ただし，そのままでは多少の不具合が生じます．平面上では平行でない直線は１箇所で交わるのに対して，球面上の直線とみなされる大円どうしは２箇所で交わってしまいます．また，球面上では中心に対称な２点を通る大円は無数に存在しますが，これは２点を結ぶ直線が無数に引ける場合があることを意味します．これでは，ユークリッド幾何の第５公準ばかりか，直線は２点で決まるという原則まで崩れてしまいます．

そこで，リーマン幾何が成立する世界のモデルとして，球面の半分だけを考えることにします．もちろん，球の上半分でも下半分でも差し支えありません．参考書には上半分を描いてあるのがふつうですが，図 10.6 には下半分の球面を描いてあります．平面上の幾何との関連を見ていただくのに都合がいいと思ったからです．このように，モデルを球から半球にすることによって，大円(直線)の交点は１つだけ決まることになります．

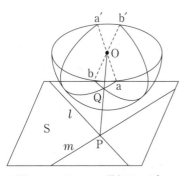

図 10.6　リーマン幾何のモデル

さらに，球の切り口に現れた円周上で対称の位置にある点，たとえば図 10.6 の a と a′ は，同一点であると約束します．びっくりするかもしれませんが，もともと球面幾何では，大円の出発点と終点が

同じですし，それを半球上に再現したにすぎないのですから，驚く
ほどのことはありません．こうすると，異なる 2 点を結ぶ直線は 1
本に限られるので安心です．ここで，a と a′ を通る大円（直線）は無
数にあるではないか，などと言わないでください．a と a′ は同じ点
であり，図示してある大円は a から出発して Q を通り a′ に戻る 1
本だけの大円なのですから．

　もういちど，図 10.6 に目を移してください．リーマン幾何の世
界のモデルとなる半球は，半球の表皮と切り口の縁だけです．トポ
ロジーの言葉でいうなら，オイラー標数が 1 の開いた平面と同相で
す．だから，中心 O は空中に浮かんだ 1 点であり，その位置を図
示しようがありません．しかたがないので，a と a′ および b と b′
を結ぶ点線を記入して，その交点で O の位置を示してあります．

　さて，この半球の下方に平面 S が広がっていると思っていただ
きましょう．そして，中心 O に光源があるとします．この場合，Q
で交わっている半大円 aQa′ と bQb′ の姿は，平面 S の上にどのよ
うに投影されるでしょうか．

　まず，aQa′ は，平面 S 上には l のような直線として投影される
にちがいありません．a と Q と a′ を含む平面と平面 S との交線が l
であり，平面と平面の交線は直線だからです．同じ理由で，球面上
の bQb′ は，平面 S の上には直線 m となって投影されます．それ
なら，aQa′ と bQb′ の交点 Q は，平面 S 上では l と m の交点 P と
なるに決まっています．

　反対に，平面上の任意の点や線を，いまの投影の逆ルートを辿っ
て半球の上に写し出すこともできます．すなわち，平面 S 上のす
べての点が半球の上に写されるわけです．

この際，気をつけておきたいことがあります．直線 l 上にある点が，左のほうへどんどん遠ざかったらどうなるでしょうか．その点の半球上の写像は，aQa′ の上をどんどん a′ に近づいていきます．そして，l 上の点が左方向に無限に遠ざかったとき点の写像は，a′ のところに到達するでしょう．同じように，直線 l 上の点が右方向の無限の彼方に遠ざかったとき，点の写像は a のところに到達します．

ところが，私たちは a と a′ は同一の点であると約束しているのでした．したがって，平面上では無限に延ばせるはずの直線が，リーマン幾何が成立するモデルとしての半球上では，一周して元に戻ってしまうことになります．このあたりが，直線はいくらでも延ばせると考えるユークリッド幾何と，リーマン幾何の大きな相違点です．

では，このような半球モデルの上で，リーマン幾何は，どのように構築されていくのでしょうか．図 10.6 の S 平面をユークリッド幾何のための平面とは考えないで，リーマン幾何をモデル化した半球上の点や線を投影するための射影平面とみなして話をすすめます．

まず，S 平面上の 2 点間の距離は，これに対応する半球上の 2 点間の距離（もちろん，大円に沿った距離）と約束します．また，S 平面で 2 直線が作る角の大きさは，これに対応する半球上の 2 つの大円が作る角の大きさであると約束します．さらにまた，S 平面上で 2 つの図形が合同であるとは，それに対応する半球上の 2 つの図形が合同であると約束します．このように，S 平面上の事象に対する判断を S 平面上でするのではなく，半球上に移し替えて判断するとでも思っていただきます．

そうすると，半球の世界ではそれなりにつじつまの合った理論

が成立するのですから，S平面上では奇妙と感じる結論であっても，それなりに理屈のつじつまが合っているはずです．大胆な言い方を許していただくなら，こうして構築されているのがリーマンの幾何です．

こういうわけですから，リーマン幾何では，ユークリッド幾何とは異なる結論がたくさん出てきます．

- 平行線は存在しない．
- 三角形の内角の和は $2\angle R$ より大きい．
- 3つの角が等しい三角形はすべて合同（相似ではない）．

などなどです．そして，ユークリッド幾何に馴染んでしまった私たちにとっては奇妙に思える結論どうしが，論理的にきちんと整合しています．これが，リーマン幾何の概要です．

なお，**リーマン幾何**という概念は，ここで述べてきたよりももっと広範囲で高度な幾何を意味することがあります．数学者の言葉でいうなら，リーマン計量をもつ n 次元空間の概念を取り扱う幾何学だそうです．つぎの節でご紹介する双曲幾何も含めた非ユークリッド幾何の全体をリーマン幾何と呼ぶことも少なくありませんが，そのときには，リーマン幾何がこのような意味で使われているのでしょう．

双曲幾何学

サッケーリ先生の鋭角仮定を源流とする幾何のほうは，時代的にはリーマン幾何より少し前に，あの有名なガウス先生[*6]とロバチェフスキーとボヤイとが独自に作り出したのですが，ガウス先生

がある事情のために論文として発表しなかったので，ロバチェフスキーとボヤイの両先生が，この幾何の創始者として称えられることになり，ボヤイ・ロバチェフスキー幾何とも呼ばれています．

さて，鋭角仮定のもとでは平行線はたくさん存在するし，三角形の内角の和は $2\angle R$ より小さいのでした．そして，この仮定のもとに自己矛盾のない理論体系ができているのでした．それは，どのような幾何学でしょうか．これも，モデルを使って目に見える形で見ていただこうと思います．

実をいうと，リーマン幾何のモデルには，ほとんど半球が使われるのに対して，双曲幾何では，非常に多くのモデルが考案されています．そこで，ここでは性格的になるべく異なる2つのモデルをご紹介して，双曲幾何のムードを楽しんでいただこうと思います．

1番めのモデルは図 10.7 です．ユークリッド平面上に，すなわ

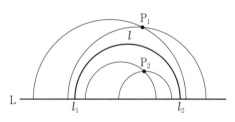

図 10.7　双曲幾何のモデル（Ⅰ）

---

* 6　C. F. Gauss(1777 年〜 1855 年)，ドイツの数学者．数学の各分野に業績を残し，ガウス曲線(正規分布の曲線)，ガウスの定理など，ガウスの名を冠した数学用語がたくさん使われています．非ユークリッド幾何という用語も，ガウスに負うものといわれます．

ち，ふつうの平面上に直線 L を引き，その上側（下側でもいい）だけを双曲幾何の平面と考えてください．そして，この直線 L 上の点は，すべて無限に遠い点だと同意していただきます．さらに，直線は l のような半円に化けていると思っていただきます．つまり，l は無限に遠い点 l_1 から出発して，無限に遠い点 l_2 に向かう直線なのです．

このように，双曲幾何の平面をモデル化すると，平行線がいくらでも存在することが確認できます．図 10.7 にあるような l 上にはない点 P_1 や P_2 を通って，l と交わらない直線（半円）がいくらでも引けるではありませんか．

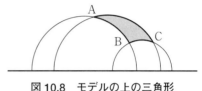

図 10.8　モデルの上の三角形

ついでに図 10.8 も見てください．双曲幾何の平面上でも，互いに平行ではない 3 本の直線（半円）が交わって，三角形を作ります．ユークリッド平面上の 3 直線と同じようにです．この三角形の面積は，図 10.8 において横方向と縦方向に二重積分するなどして求められますが，この過程は複雑で高度すぎるので省略し，結果だけをご紹介します．

$$\triangle \text{ABC の面積} = k(\pi - \angle A - \angle B - \angle C) \qquad (10.10)$$

すなわち　　$\triangle \text{ABC の面積} = k(2\angle R - \text{内角の和})$ 　　(10.11)

ここで，k は単位のとり方などによって決まる定数です．

この式を見ていただくと，三角形の内角の和が $2\angle R$ より小さいことが確認できます．内角の和が $2\angle R$ より大きければ，式

(10.11)によって三角形の面積がマイナスになってしまうからです.

そのうえ,式(10.11)からわかるように,三角形の面積は有限です.ユークリッド幾何では,三角形の面積は「底辺×高さ÷2」ですから,底辺の長さか高さが無限に大きくなると,面積も無限に大きくなるので,おおちがいです.非ユークリッド幾何だけのことはあります.

2番めのモデルは,やや数学っぽいところが欠点ですが,この本はもともと数学の本ですから,がまんして付き合っていただくことにしました.

ふつうの平面に図 10.9 のように円を描きます.そして,この円

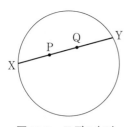

図 10.9 モデル(Ⅱ)

の内部に浮世とは異なる別世界を創ります.円の中に線分 PQ を引き,両側に延長して円周との交点を X,Y とします.このとき,PQ や QY などの線分のふつうの長さは,そのまま PQ,QY などと書き,別世界の尺度で測った長さを ρ (P, Q)で表わすことにして

$$\rho (P,\ Q) = k \log \frac{QX \cdot PY}{PX \cdot QY} \tag{10.12}$$

であると約束しましょう[*7].

ここで,Q をどんどん Y に近づけると QY → 0 で,他の長さは有限の値ですから,ρ (P, Q)→∞ となります.つまり,Q から見

[*7] 式(10.12)の約束が合理的であることは,直線上に並ぶ P, Q, R の 3 点に対して,ρ (P, P) = 0, ρ (P, Q) = −ρ (Q, P), ρ (P, Q) +ρ (Q, R) =ρ (P, R)などが成り立つことからも納得できます.

ると円周上の点 Y は，無限の彼方にあることになります．同様に，
P から見ると円周上の点 X は，無限の遠方にあります．

　円の中はこのような別世界なので，平行線はいくらでも引くこ
とができます．図 10.10 のように直
線 l 外にある点 P を通って l と交わ
らないように引いたなん本もの直線
は，それぞれ無限の此方から無限の
彼方へと走る直線なのに，l と交わっ
ていないのですから．

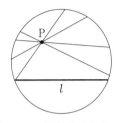

図 10.10　平行線はたくさん

　つぎに，この別世界の中では，三
角形の内角の和が $2\angle R$ より小さ
いことも確かめておきましょう．ただし，この円の中では角度の測
り方が独特です．円の中心ではふつうの世界と同じですが，そこを
外れると，円周が無限の彼方にあるという別世界のルールに適用さ
せるための補正が必要なので，2 直線の交点が図 10.11 のような位
置関係にある場合の角度 θ を

$$\tan^2\frac{\theta}{2}=\frac{\mathrm{XX'}\cdot\mathrm{YY'}}{\mathrm{XY'}\cdot\mathrm{YX'}}=\frac{\mathrm{XX'}}{\mathrm{XY'}}\cdot\frac{\mathrm{YY'}}{\mathrm{YX'}} \tag{10.13}$$

と約束します．この約束によると，
$\mathrm{XX'}=\mathrm{Y'Y}$, $\mathrm{XY'}=\mathrm{X'Y}$ の場合，つ
まり P が円の中心に位置するときには，
θ がふつうの世界と同じであることを
確認していただければ幸いです．

　では，三角形の内角の和に挑みま
す．ただし，和が $2\angle R$ より小さい

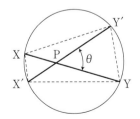

図 10.11　角度の約束

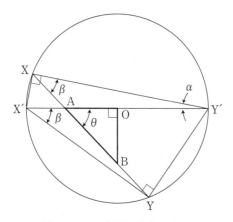

図 10.12　三角形の内角の和は？

ことを一般論として証明するのはかなりの荒行です．だから，ここ
では図 10.12 のように直角二等辺三角形の直角の頂点が円の中心に
位置するときの一例について証明し，お茶をにごすことをお許しく
ださい．

　まず，図 10.12 のように，AB を延長して X と Y を決め，AO を
延長して X′ と Y′ を決め，ついでに，X と Y′ および X′ と Y を直線
で結びます．そして，∠XY′X′ の大きさを α，∠Y′XY と∠Y′X′Y
（ともに弧 YY′ に対する円周角）の大きさを β としましょう．

　そして，ふつうの世界の目で見ると，∠Y′XX′ と∠Y′YX′ は，
ともに直径に対する円周角だから∠R なので

$$\frac{XX′}{XY′} = \tan \alpha \tag{10.14}$$

$$\frac{YY′}{YX′} = \tan \beta \tag{10.15}$$

です．いっぽう，α と β を加えた値は $2\angle R$ から $\angle XAY'$ を差し引いたものであり，それは θ に等しいし，θ はふつうの世界では $\pi/4$ ですから

$$\alpha + \beta = \pi/4 \tag{10.16}$$

故に　　$\tan(\alpha + \beta) = 1 \tag{10.17}$

ここで tan の加法定理を思い出すと

$$\tan(\alpha + \beta) = \frac{\tan\alpha + \tan\beta}{1 - \tan\alpha \cdot \tan\beta} = 1 \tag{10.18}$$

故に　$\tan\alpha \cdot \tan\beta = 1 - (\tan\alpha + \tan\beta) \tag{10.19}$

また，図からわかるように，点 A は中心 O の位置にくることはありませんから，$\angle\alpha \neq \angle\beta$ ですし，式(10.16)のように，$\angle\alpha$ と $\angle\beta$ が $\pi/4$ を分け合っている以上

$$\tan\alpha + \tan\beta > 2 \cdot \tan\pi/8 \tag{10.20}$$

です．それなら，式(10.19)によって

$$\begin{aligned}
\tan\alpha \cdot \tan\beta &< 1 - 2 \cdot \tan\pi/8 \\
&= 1 - 2 \cdot (\sqrt{2} - 1) \\
&= 3 - 2\sqrt{2}
\end{aligned} \tag{10.21}$$

となります．ふつうの世界，つまり，ユークリッドの世界では，こうなるのです．

では，双曲幾何の世界，図 10.9 のモデル(Ⅱ)の世界に戻りましょう．そこでは角度 θ が

$$\tan^2\frac{\theta}{2} = \frac{XX'}{XY'} \cdot \frac{YY'}{YX'} \tag{10.13もどき}$$

で定義されているのでした．これを，図 10.12 に描かれた直角二等辺三角形の底角の大きさ θ に，そのまま適用してみましょう．そう

すると，式(10.13)，式(10.14)，式(10.15)，式(10.21)によって

$$\tan^2 \theta /2 = \tan \alpha \cdot \tan \beta < 3 - 2\sqrt{2} \qquad (10.22)$$

故に $\quad \tan \theta /2 < \sqrt{3 - 2\sqrt{2}} = \sqrt{2} - 1 = \tan \pi /8 \qquad (10.23)$

したがって $\quad \theta < \pi /4 \qquad (10.24)$

こうして，双曲幾何の世界の直角二等辺三角形の底角をユークリッドの分度器で測ると，$\pi /4$（45°）より小さいことが確認できます．この三角形の他の底角についても同様ですし，前に触れたように，∠Rの頂角は円の中心にあって，ふつうの世界と同じように∠Rの角度を保ったままですから，この三角形の内角の和は，2∠Rよりも小さいことが証明できたことになります．

宇宙へ伸びる幾何学

私たちはこの章で，とても奇妙な2つの幾何と付き合いました．それらの中身については，ページ数の制約もあって，ほんの2～3例しか見ていただけませんでしたが，なんべんも書いてきたように，両方の幾何とも自己矛盾のない論理体系がきちんとでき上がっています．そして．そのことを検証するに当っては，この章でもそうであったように，ユークリッド幾何が多用されます．だから，その検証の結果に疑念を抱くようなら，それは，ユークリッド幾何さえ疑っていることになり，収拾がつきません．したがって，私たちはこのような奇妙な幾何——非ユークリッド幾何も信用するほかないのです．

それにしても，非ユークリッド幾何にはいくらかの違和感を覚えます．それはきっと，私たちがユークリッド幾何に馴れ親しんでき

たという教育の問題より以前に，私たちが日常的に感じている世界
が平面だからでしょう．もし地球の直径が非常に小さくて，その曲
がりを体感できるなら，リーマン幾何のほうがぴったりかもしれな
いし，私たちを取り巻く空間が，私たちに対して凸にそり返ってい
るなら，双曲幾何のほうがしっくりするかもしれません．

　ガウス先生もそれに気がついていたらしく，宇宙空間はどのよう
に曲がっているかを調べて，どの幾何学が自然科学的に正しいかを
判定しようと，3つの山の頂を連ねる三角形の内角の和を測定した
と伝えられています．もちろん，測定誤差が大きすぎて，とても判
定を下せるはずもありませんでしたが……．

　ガウス先生のような先覚者は別として，宇宙空間が曲がっている

曲がった宇宙には，どんな幾何が？

かもしれないなどと考える学者は，19世紀までは皆無に近かったと思われます．身近な範囲で身近な現象を相手にしている限りにおいては，その必要がなかったからです．

ところが20世紀にはいって，広大な宇宙や光に近い速さなどが研究の対象になるにつれて，事情は変りました．宇宙空間の曲がりやその変化などを正しく取り込まないと，研究が進まなくなったのです．その研究に画期的な影響を与えたのが，アインシュタイン博士[*8]の相対性理論です．そして，博士がこの理論を生み出すに当っては，非ユークリッド幾何から多くの示唆を得ていたかもしれません．相対性理論と非ユークリッド幾何とが同じ数学的構造をもっていると指摘する学者もいるくらいですから．

もしかしたら，非ユークリッド幾何的な感覚が，現代の教養人にとって必要な素養のひとつになるかもしれません．

[*8] A. Einstein（1879年〜1955年），ドイツの理論物理学者．相対性理論の創始者．光量子の理論，統一場の理論などの業績のほか，世界平和運動でも知られています．

11. 射影幾何の玄関先

—— 王座陥落，古典幾何へ ——

空間のデザルグの定理

私たちは 161 ページで，デザルグの定理と友達になりました．その定理は，同じ平面上にある 2 つの三角形について，対応する頂点どうしを結ぶ 3 本の直線が 1 点で交わるなら，対応する辺の延長線どうしが交わる 3 つの交点は，1 直線上に並ぶという，手品のような定理でした．そして，この定理は，空中に浮かんだ 2 つの三角形についても成立するというので，広大な宇宙に演出されるデザルグの定理に想いを馳せたものでした．

けれども，平面上のデザルグの定理を証明するのにも，メネラウスの定理をためつすがめつ適用しながら相当な苦労をするくらいですから，3 次元空間に浮かぶデザルグの定理を証明するのは，困難をきわめるだろうと思った方も少なくないでしょう．

ところがです．これが意外と容易に証明できるから楽しくなってしまいます．ただし，ものの見方を少しばかり変えなければなりません．そして，この新しいものの見方が射影幾何の出発点になっているので，まずは，それを見ていただこうと思います．

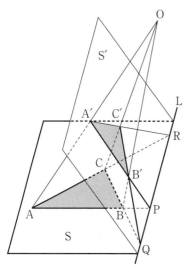

図 11.1　デザルグの定理

図 11.1 のように△ ABC は平面 S の上に，△ A′B′C′ は平面 S′ の上に乗っています．いま，A と A′ を結ぶ直線，B と B′ を結ぶ直線，C と C′ を結ぶ直線の 3 本が 1 点 O で交わるなら，AB と A′B′ の交点 P，CB と C′B′ の交点 Q，AC と A′C′ の交点 R は，一直線上に並びます．これが空間におけるデザルグの定理です．これを証明しますので，恐縮ですが図を追ってみてください．証明は，あっという間に終ります．

　[証明]　A，B，A′，B′ は同じ平面（O を含む平面）上にあるので，AB と A′B′ は交わります．その点を P とします．AB は平面 S 上にあるし，A′B′ は平面 S′ 上にあるので，点 P は S と S′ の交線 L 上にあるに決まっています．まったく同じ理屈で，CB と C′B′ の交点 Q も L の上にあるし．AC と A′C′ の交点 R も L の上にあります[*1]．

[*1]　平面上のデザルグの定理も同様な方法で証明できます．しかし，せっかく平面上の問題なのに，わざわざ平面外に点 O をとって理屈を組み立てるのですから，かなりややこしい図と筋書が必要になります．なお，この定理を射影幾何の別の方法によって 267 ～ 268 ページに証明してありますので，ごらんください．

たったこれだけで証明は終りで
す．なんとも鮮やかではありません
か．この鮮やかな証明は，実は，射
影と切断という考え方に支えられて
います．図 11.1 の中から，2 つの三
角形△ ABC と△ A′B′C′，および，
A と A′，B と B′，C と C′を結ぶ3
本の直線が点 O で交わっていると
ころだけを取り出して，図 11.2 に
示してあります．

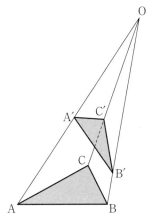

図 11.2　新しい見方

　この図の場合，1 点 O と△ ABC
を結ぶ直線を引くことを，O から
△ABC を**射影する**といい，その直線の集合(この例では，OA と OB
と OC)を**射影**といいます．また，点 A を点 O を中心とする点 A′の平
面 S への射影，あるいは，点 A′を点 O を中心とする点 A の平面 S′
への射影というような言い方をすることもあります．さらに，このよう
な射影を S′面で切って△ A′B′C′を得るような操作を**切断**と呼びます．

　そして，このような射影や切断の操作を駆使して，図形の性質を
調べていく幾何が**射影幾何学**です．デザルグの定理の証明は，そ
の，ほんの一部の見本にすぎません．節を改めて射影幾何をもう少
し眺めまわすとともに，他の幾何との関連も詮索していくことにし
ましょう．

　なお，図 11.2 の O 点のところに私たちの目があると考えるなら，
△ A′B′C′は，△ ABC という実像を S′面というキャンバスの上に
写実的に描いたことを意味します．ルネッサンスのころ，立体的な

風物をキャンバスの上に写実的に描くための透視図法が多くの画家によってくふうされ，発展しました．レオナルド・ダ・ビンチが描いた「最後の晩餐」の壁や柱の直線が，キリストの額に向かって収束していることは，よく知られた事実です．このような画家のくふうと，射影幾何が視覚的な現象を基に誕生したこととは，無縁ではないと見る先生方もいるくらいですから，射影幾何を現象的に理解しようとするなら，点 O のところに目を置いて考えるのも有効な方法でしょう．

射影幾何の基本定理

　図形には，形とか大きさとか，さまざまな性質があります．それらの性質のうち，なにが射影によって変り，なにが射影によっても変らないかを調べていきましょう．それによって図形の性質をクローズ・アップすることができ，それが幾何学だからです．

　まず，もっとも簡単な例として，直線上に並んだ 3 点の射影を見ていただきます．図 11.3 のように，直線 l の上に並んだ 3 つの点 A，B，C を点 O を中心にして，直線 m の上に射影してみてください．A は A′ に，B は B′ に，C は C′ に射影されますが，もはや，A′B′：B′C′ は，AB：BC と同じではありません．点どうしの間隔の比は，l と m が平行な場合を除いて，射影によって変ってしまいます．ただし，A，B，

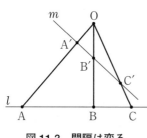

図 11.3　間隔は変る

Cの順序は不変です.

　この事情は，図11.4のように，直
線 *l* と直線 *m* とが3点の配列の途中
で交わっていても，直線 *n* のように
点Oの反対側にあっても同じです.
もっとも，3点の並びの方向が ABC
から C″B″A″ のように逆向きになった

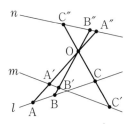

図11.4　順序は不変

りしますが，BがAとCに挟まれているという「順序」は変らな
いとみなしていただきます.

　実をいうと，射影幾何とは，点や線の順序関係に着目した幾何で
あるといっても過言ではないくらいなのです.

　こんどは，直線 *l* 上の4点，A，B，C，Dを直線 *m* 上の A′，B′，
C′，D′ へ射影した場合です. ABCD の順序は変りませんが，*l* と
m が平行でない限り，4つの点どうしの間隔の比は変ってしまいま
す. 点が3つのときと同様にです.

　ところが，ここで射影幾何の基本を成す重要な性質をご紹介しな
ければなりません. 射影によって新しい位置に移ることを**射影変換**
というのですが，射影変換をしても

$$\frac{AC}{BC} : \frac{AD}{BD} \tag{11.1}$$

の値は変わらないのです. すなわち

$$\frac{AC}{BC} : \frac{AD}{BD} = \frac{A'C'}{B'C'} : \frac{A'D'}{B'D'} \tag{11.2}$$

です. そして，図11.6のように射影変換をつぎつぎと続けても

$$\frac{\text{AC}}{\text{BC}} : \frac{\text{AD}}{\text{BD}} = \frac{\text{A}'\text{C}'}{\text{B}'\text{C}'} : \frac{\text{A}'\text{D}'}{\text{B}'\text{D}'} = \frac{\text{A}''\text{C}''}{\text{B}''\text{C}''} : \frac{\text{A}''\text{D}''}{\text{B}''\text{D}''} \tag{11.3}$$

のように，しぶとく不変です．式(11.1)のような値は，比の比なので**複比**と呼ばれ，射影変換によって複比が変らない性質は，**複比定理**と名付けられています．

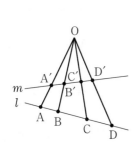

図 11.5 複比定理

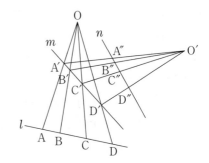

図 11.6 複比は伝わる

それにしても，式(11.1)で示される複比とは，なんでしょうか．

AC/BC は AB の C による外分比，AD/BD は AB の D による外分比ですから，これを

$$(\text{AB, CD}) = \frac{\text{AC}}{\text{BC}} : \frac{\text{AD}}{\text{BD}} \tag{11.4}$$

のように書き，4つの点 A，B，C，D の相対的な位置関係を示す1つの指標と考えておくことにしましょう[*2]．

　[**複比定理の証明**]　参照していただくのは図11.7ですが，これ

[*2]　A，B，C，D の順に並んでいるときの複比には，(AB, CD)のほかにも2つの内分比の比を示す(AD, BC)などを含めて，都合6種があります．どの複比を使っても「複比定理」は成立します．

は，図 11.5 に証明用の 2 本の補
助線を追加したものにすぎませ
ん．1 本は，C から DO に平行な
直線を引き，AO との交点を P,
BO との交点を Q としたもの，も
う 1 本は，C′ から DO に平行な
直線を引いて，AO と BO との交
点を P′，Q′ としたものです．三
角形の相似を利用しようとする魂
胆がみえみえです．

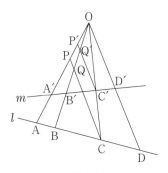

図 11.7　補助線を追加

　では始めます．

$$\triangle \text{ADO に注目すると} \qquad \frac{AC}{AD} = \frac{CP}{DO} \qquad (11.5)$$

$$\triangle \text{BDO に注目すると} \qquad \frac{BC}{BD} = \frac{CQ}{DO} \qquad (11.6)$$

$$\text{したがって} \qquad (AB, \ CD) = \frac{AC}{BC} : \frac{AD}{BD} = \frac{AC}{AD} : \frac{BC}{BD}$$

$$= \frac{CP}{DO} : \frac{CQ}{DO} = \frac{CP}{CQ} \qquad (11.7)$$

また，$\triangle \text{A′D′O}$ と $\triangle \text{B′D′O}$ についても同様な手順を追うと

$$(A′B′, \ C′D′) = \frac{C′P′}{C′Q′} \qquad (11.8)$$

いっぽう，$\triangle \text{OCP}$ と $\triangle \text{OCQ}$ に注目すると

$$\frac{CP}{CQ} = \frac{C′P′}{C′Q′} \qquad (11.9)$$

故に，式(11.7)と式(11.8)は等しいので

$$(AB, CD) = (A'B', C'D') \tag{11.10}$$

という次第です．証明終り．

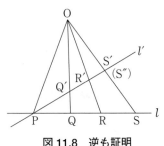

図11.8　逆も証明

しつこいようですが，もう少しがまんしてください．複比定理の逆は，図11.8のように，2直線 l と l' がPで交わっていて，l 上にはQ, R, Sの3点が，また，l' にはQ′，R′，S′の3点が並んでいるとき，それらの複比について

$$(PQ, RS) = (PQ', R'S') \tag{11.11}$$

が成り立てば，直線QQ′とRR′とSS′は1点Oで交わるということです．P，Q，R，Sの相対的な位置のうち，Pだけを固定して考えても複比は変らないからです．この「複比定理の逆」も，成立することが知られていて，**射影幾何の基本定理**と呼ばれるほどの地位を占めています．それなら，この定理を証明しておかなければなりません．

[**基本定理の証明**]　まず，QQ′とRR′との交点をOとし，OSと l' との交点をS″としましょう．そうすると，複比定理によって

$$(PQ, RS) = (PQ', R'S'') \tag{11.12}$$

です．それなら，前提の式(11.11)によって

$$(PQ', R'S') = (PQ', R'S'') \tag{11.13}$$

故に　　$$\frac{Q'S'}{PS'} = \frac{Q'S''}{PS''} \tag{11.14}$$

です．それなら，$S' = S''$に決まりです．証明終り．

ごみごみした話に付き合っていただいた最後を，複比定理や，その逆の基本定理を利用して，平面上のデザルグの定理を鮮やかに証明して，しめくくろうと思います．

[**デザルグの定理の証明**] 図11.9のように[*3]，△ABCと△A′B′C′の対応する頂点どうしを結んだ直線が1点Oで交わるなら，対応する辺(延長線を含む．以下，同じ)どうしの交点が，一直線上に並ぶことを証明しましょう．

まず，ABとA′B′の交点をP，ACとA′C′の交点をRとし，PRとOA，OB，OCの交点をそれぞれW，U，Vとしてください．つづいて，Rを中心と考え，OCをいままでのl，OAをl'とみなすと，どの複比を使っても射影によって複比は不変(264ページ脚注)です

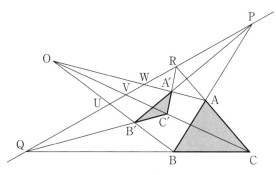

図 11.9　平面上のデザルグの定理

＊3　161ページの図 7.11 とは三角形の配置が異なってしまいましたが，すべての交点を狭い面積内に図示するためですから，ご了承ください．なお，図 7.11 を用いても同様に証明できることは，もちろんです．

から

$$(OC, \ C'V) = (OA, \ A'W) \qquad\qquad (11.15)$$

ですし，また，P を中心と考えれば

$$(OB, \ B'U) = (OA, \ A'W) \qquad\qquad (11.16)$$

です．したがって

$$(OC, \ C'V) = (OB, \ B'U) \qquad\qquad (11.17)$$

それなら，射影幾何の基本定理によって，CB，C'B'，VU は 1 点 Q で交わるし，同時に，R，P，Q は一直線上にあります．

　これで証明を終ります．162 ページあたりのメネラウスの定理を用いた証明より，一段とあか抜けしているではありませんか．

アフィン幾何は射影幾何への一里塚

　前節では，ひとつの平面内に這いつくばって，点の列の射影変換の性質を調べてきましたが，こんどは，平面上の図形が他の平面上に射影変換される様子を見ていただきましょう．

　図 11.10(a) は，無限の彼方にある点 O から，平面 S にある △ABC を射影し，それを，S と平行な平面 S' で切断したものです．このように，S' 上に射影変換された △ A'B'C' が，△ ABC と合同であることは，論をまちません．そして，点 O が無限遠にある代りに，S と S' が密着していても**合同変換**になります．これは，三角形ばかりでなく，どのような図形でも事情は同じです．

　図 11.10(b) のほうは，S と S' が平行で，点 O が有限の距離にある場合です．この場合には，S と S' と O の位置関係によって，S 上の図形は，相似を保ったまま縮小または拡大されて S' 上へ移り

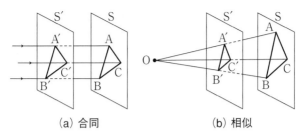

（a）合同　　　　　　　（b）相似

図 11.10　射影による合同と相似

ます．すなわち，**相似変換**となります．この場合，O からの射影
の線が平面に直角のときより，斜めのときのほうが図形が伸びてし
まうのではないかと，心配になるかもしれません．けれども，図
11.11 のように

$$\frac{a}{A} = \frac{a+b}{A+B} \qquad \text{なので} \qquad \frac{a}{A} = \frac{b}{B} \qquad (11.18)$$

であり，縮小または拡大される割合は，平面上のどこでも同じなの
です．リーマン幾何のモデル（図 10.6）は，球面上の図形を平面に射
影していたのでしたから，混同されませぬように．

　つぎへ進みます．こんどは，S と
S′ が平行ではない場合です．この
とき，射影と切断によって起こる変
換を**アフィン変換**といいます．ア
フィン変換の特徴を列挙してみま
しょう．

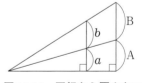

図 11.11　平行なら歪まない

（1）　点や線の連なり方は変換によっても変りません．

（2）　線分（直線）は線分（直線）のままですが，線分の長さや角の

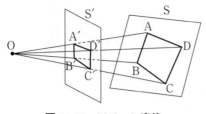

図11.12　アフィン変換

大きさは，特例を除いて変ります．アフィン幾何では，長さや大きさは意味を持ちません．

(3)　線分上の点の内分比や外分比は変りません．この性質と(1)によって，メネラウスの定理やチェバの定理などは，変換しても成立します．

(4)　平行線は平行線のままです．交わる2直線が平行線に変ることはありません．

(5)　三角形は三角形のままです．適当な変換によって，どの三角形も重ね合わすことができます．したがって，正三角形，直角三角形などの分類は無意味です．

(6)　四角形は四角形のままですが，平行四辺形と台形とその他の四角形とは，それぞれ別のグループです．(4)によって，これら3グループ相互の所属換えはできません．

(7)　円と楕円はすべて同じグループに属し，区別はできません．これらの性質を数学的にきちんと証明するのは，数学的な準備[4]に手間を喰うので省略しますが，しかし，図11.12の変換を思い描いていただければ，直感的に理解できるのではないでしょうか．そのうえ，これらの性質どうしが密接に関連し合っていて，ある性質

---

[4]　たとえば．1変数のアフィン変換は，$x \to ax + b$ で，2変数のアフィン変換は，$(x, y) \to (ax + by + e, cx + dy + f)$ などの意味から始めなければならず，ゆーうつです．

から他の性質が導き出されることも少なくありません．たとえば，(1)と(2)によって，2本の直線は連なり方が変らないまま2本の直線に変換されるのですから，もともと交点を持っていない2直線が変換によって交点を持つはずがないし，その逆もありません．だから，(4)なのです．

　それにしても，なぜ，アフィン変換などをする必要があるのでしょうか．アフィン変換することや，変換したあとのアフィン平面上で図形の性質を調べる学問は，**アフィン幾何学**または**擬似幾何学**と呼ばれます．では，アフィン幾何の存在価値は，どこにあるのでしょうか．

　この本のあちらこちらで，図形の形と大きさが等しい場合が合同であり，そこから「大きさ」の条件を減らしたものが相似だから，相似のほうが合同より汎用性の高い上位の概念である．また，さらに「形」の条件も取り払った「点と線の連なり」だけが等しい同相のほうが，もっと汎用性の高い上位の概念であると書いてきました．そして，上位の概念で成り立つ原則は，下位の概念をも支配するのですから，上位概念に立つほうが全体の見通しがよく，統一的な理論の構築のためには，上位概念のほうに関心が向くのは当然だったのです．

　ところで，アフィン幾何は，ユークリッド幾何から長さや大きさの拘束を取り去ったものでした．したがって，ユークリッド幾何の上位概念です．だから，ユークリッド幾何のつぎに，関心がアフィン幾何に向くのは当然といえます．

　こうして，アフィン幾何の世界に足を踏み入れてみると，さらに上位概念としての射影幾何がみえてきます．平面から平面への射影

変換にとどまらず，曲面から曲面へ，さらには，空間から空間への
射影にまで，理論体系を高めようというわけです．そこで，これら
の幾何どうしの関係が

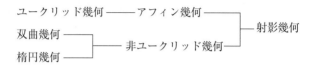

として表現されることも少なくありません．こういう観点からいえ
ば，アフィン幾何は射影幾何への一里塚ともいえるでしょう．

　これに対して，知的興味からいえばそうかもしれないけれど，そ
れでは実生活からどんどん遊離してしまうではないかと嘆かれる方
に申し上げます．知的興味でひとり歩きをしてきた学問でも，あと
になって現実的な利用価値を生むことは，決して少なくありませ
ん．位相幾何の知識が，プリント配線の設計などに利用されている
ようにです．現に，アフィン幾何は直線が直線に移るくらいですか
ら，1次変換(前ページ脚注)を取り扱うので，その理論は線形代数
の解法に応用され，社会現象の解明などに貢献していることも，申
し添えておきましょう．

パスカルの定理もどき

　デザルグの定理と並んで射影幾何を代表する定理に，**パスカルの
定理**があります[*5]．「平面上の6点が同一の**円錐曲線**上にあれば，
これらの点を頂点とする六角形の相対する辺の交点は一直線上にあ
る」というものです．

　このままでは，前節までの知識では手強わすぎるので，つぎのような パスカルの定理もどきに挑戦してみましょう．図11.13のように任意の六角形が楕円に内接しているとき，相対する辺（もちろん延長線を含みます）の交点P，Q，Rが，一直線上に並ぶことを証明してください．この性質をパスカルの定理として紹介している本も少なくありませんから，もどきにしても罪の軽いもどきです．

　この問題をアフィン変換の知識なしに解こうとしたら，おそらく，途方に暮れてしまうでしょう．楕円に内接する六角形などは，ユークリッド幾何の手に負えないからです．そこで妙手を使います．図の楕円の部分が円になるようにアフィン変換して考えるのです．楕円の長軸方向に射影面か切断面を傾ければ，楕円を円に変換するのは，わけもありません．そのとき，直線は直線のまま，点と線の連なりもそのままに変換されますから，図11.13は図11.14のように変るはずです．

　こんどは，円に内接する六角形ですから，ユークリッド幾何の知識で，なんとかパスカルの定理もどきを証明できるかもしれません．証明できればしめたものです．それは，逆方向にアフィン変換してみることで，図11.13においてもパスカルの定理もどきが成立することを意味するからです．

　では，六角形が円に内接するとき，相対する辺の3つの交点が一直線上に並ぶことの証明にかかります．この証明は，かなりのパズルですが，補助円，円に内接する四角形の対角，同じ弧の反対側に

＊5　B. Pascal（1623年～1662年），フランスの天才的な数学者にして哲学者．円錐曲線や確率の研究などに多くの功績を残しましたが，「人間は考える葦である」という名言でも知られています．

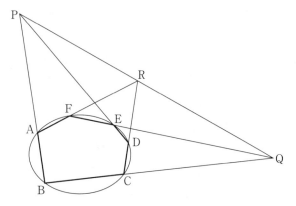

図 11.13　パスカルの定理もどき

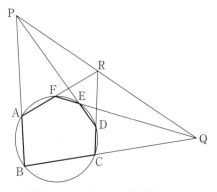

図 11.14　アフィン変換すると

立つ 2 つの円周角，相似の位置など，ユークリッド幾何のたくさん
の知恵を総動員しますので，ユークリッド幾何の総仕上げだと思っ
て付き合ってください．その際，等しい角どうし，平行な線どう
し，相似な三角形どうしなどを同じ色に塗り分けながら筋書を追っ

ていただくよう，おすすめします．そうしないと，目はちらちら，
頭はくらくらしてきますから．

　覚悟ができたところで，作業開始です．証明は図 11.15 を頼りに
すすみます．図には，F と C と R を通る補助円を書き込んであり
ます．そして，この補助円と BQ との交点を G，FQ との交点を H
とします．このような補助円がひらめいたパスカル先生の奇才に脱
帽！

　さて，四角形 ABEF に注目してください．この四角形は円に内
接していますから，対角の和は $2\angle R$ なので，$\angle$ PBE は $\angle$ AFE
の補角 $\angle$ RFH と等しいはずです．つまり

$$\angle \text{PBE} = \angle \text{RFH} \tag{11.19}$$

です．いっぽう，$\angle$ RFH と $\angle$ RGH は同じく弧 RH から立つ円周

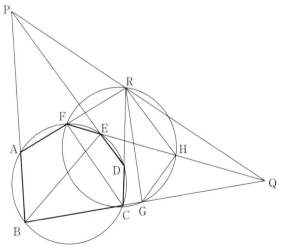

図 11.15　気を確かに持って

角ですから

$$\angle RFH = \angle RGH \qquad (11.20)$$

です. したがって, この両式から

$$\angle PBE = \angle RGH \qquad (11.21)$$

であることを知りました.

つぎに, 四角形 BCDE に注目すると, いまと同じ理由で

$$\angle BEP = \angle BCR \qquad (11.22)$$

また, $\angle GHR$ と $\angle GCR$ とは同じ弧 GR から反対側に立つ円周角なので, $\angle GHR$ は $\angle GCR$ の補角 $\angle BCR$ と等しいから

$$\angle BCR = \angle GHR \qquad (11.23)$$

故に $\qquad \angle BEP = \angle GHR \qquad (11.24)$

ここで, $\triangle PBE$ と $\triangle RGH$ に注目してください. 式(11.21)と式(11.24)によって 2 つの角どうしが等しいのですから

$$\triangle PBE \backsim \triangle RGH \qquad (11.25)$$

であることが確認できます.

さらにすすみます. $\angle EBC$ と $\angle EFC (= \angle HFC)$ とは, ともに弧 EC の上に立つ円周角どうしで等しく, また, $\angle HFC$ と $\angle HGC$ は, 弧 HC の反対側に立つ円周角なので, 式(11.23)のときと同じように, $\angle HFC$ と $\angle HGC$ の補角 $\angle HGQ$ が等しいのですから

$$\angle EBC = \angle HGQ \qquad (11.26)$$

です. それなら

$$EB \parallel HG \qquad (11.27)$$

という理屈です.

こうして私たちは, $\triangle PBE$ と $\triangle RGH$ が相似で, かつ, 対応する 1 辺どうしが平行であること, すなわち, この 2 つの三角形が相

似の位置（68 ページ）に配置されていることを突き止めました．それなら，2 つの三角形の対応する頂点どうしを結ぶ BG，EH，PR の 3 本の線は，1 点（Q）で交わります．したがって，P と R と Q は一本の直線上に並んでいます．証明終り[*6]．ご苦労さまでした．

射影幾何も古典幾何の仲間入り

パスカルの定理もどきが，まだ尾をひきます．前節では，円に内接する六角形についての証明をアフィン変換して，楕円に内接する六角形についての証明としたのでした．これは，円柱か円錐を軸に直角に切った平面上の物語を，軸に斜めに切った平面上に移したことを意味します．

ところが，よく知られているように円錐の切り方によっては，断面が放物線や双曲線になったりもします（135 ページの図 6.8 参照）．それなら，軸に直角に切った平面上の物語を，放物線や双曲線を作り出した切断面上に移してやれば，円に内接する六角形についての証明は，放物線や双曲線に内接する六角形の性質として証明できるはずです．こうして，「平面上の 6 点が同一の円錐曲線上にあれば……」というパスカルの定理が証明されることになります．

なお，円錐を頂点を通る平面で縦に切ると，切断面は交わる 2 本の直線になります．この 2 本の直線 l と l' に内接する六辺形でも，パスカルの定理が成り立つでしょうか．図 11.16 のように，きれい

[*6]　図 11.15 において，A〜F の相対位置によっては，G が C より左にくることもあります．そのときには円周角の向きが逆になったりしますが，そこに気をつければ，あとは同様に証明できます．

278

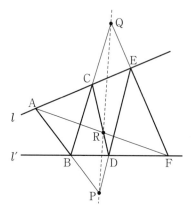

図 11.16　続・パスカルの定理

に成立するから嬉しいではありませんか[7].

　このように，平面から平面へのアフィン変換だけでも，ユークリッド幾何の世界とは異なった，より広い世界が見えてきます．さらに，平面から曲面へ，曲面から平面へ，曲面から曲面への射影変換を使いこなせば，もっと広く，もっと高度な世界が見えてくることは，想像に難くありません．

　そういえば 246 ページの図 10.6 に，リーマン幾何のモデルがありました．そのときには，平面上ではわかりにくいリーマン幾何の物語が，半球面の上に射影してみることで，理路整然とした物語に書き改められていたのでした．無限の彼方まで拡がっていた平面の世界は，半球面の上にコンパクトに納められ，平面上では無限に交わらないかもしれない 2 本の直線が，球面上では明らかに交わった姿を見せるのでした．この一事をもってしても，射影幾何のもつ効能の大きさに思い至ろうというものです．

　実をいうと，このリーマン幾何のモデルの中に，射影幾何の神髄

---

[7]　図 11.16 の P，Q，R が並ぶ直線を**パスカル線**といいます．6 つの点の配列によって 60 本のパスカル線が生まれることが知られています．なお，図 11.16 が常に成り立つことは，メネラウスの定理の逆によって証明することもできます．

を見出すこともできます. 図10.6で確認していただきたいのですが, 平面上の直線lが, 右のほうに無限に遠ざかった点の写像aと, 左のほうへ無限に遠ざかった点の写像a′が, 半球の切り口の円周上で正反対の位置にありながら, aとa′は同一の点であると約束したのでした.

このように, ある方向の無限遠の点と, 逆方向の無限遠の点とを同一の点とみなす平面は, **射影平面**と呼ばれて, 射影幾何の中で相当な働き者です. その射影平面をぐるっと丸めて壺の形にしてみると. 口の周辺には図11.17のように, 同一の点aとa′, bとb′, cとc′とが喰い違った位置に並んでしまいます. そして, この口の縁から**メビウスの帯**(233ページ)を切り取ることができれば, 喰い違いのない(方向性のない)ふつうの壺の口に戻るはず

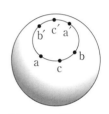

図11.17　射影平面

です. なにやら, 非ユークリッド幾何と位相幾何と射影幾何が入り乱れてきました.

位相幾何の話のついでに図11.18も見ておいてください. こんどは, 曲面から曲面へ射影変換しているところです. 射影によって図形はぐにゃぐにゃに曲がったりしますが, 図11.19に見るような違反を犯さなければ, 同相な図形に変換されます. そこで, **位相幾何**を射影幾何の一部と位置づける考え方もあります. もっとも, これに対して, 位相幾何は射影幾何とは異質な観点に立つ幾何であるとみなす先生方も少なくないようです.

曲面から曲面への射影変換ができるなら, 立体空間がからんだ射

図 11.18　同相になる

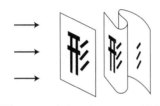

図 11.19　カタストロフィー発生

影もありそうなものです．もちろんあるのですが，立体空間のイメージに少しばかりくせがあります．x-y-z の直交座標で考えると，この空間は原点を通る無数の直線で満たされていて，その中の 2 本の直線で決まる平面がすべて射影平面となる，とでも考えましょうか．

　ま，空間[*8]の話に足を踏み入れると容易なことでは収束できなくなりそうですから，このあたりで退却しましょう．いずれにしても，射影という概念は非常に幅も広いし奥も深く，図形の性質を変幻自在に取り扱うのに適していることに，不承不承ながらも同意していただきたいと思います．

　こういうわけですから，270 ページの図 11.12 のように，平面から平面への射影変換に拘束されるアフィン幾何は，射影幾何の一部にしかすぎません．さらに，図 11.10 のように，平行な平面どうしの変換に拘束されるユークリッド幾何は，そのまた一部にしかすぎ

[*8]　「空間」という用語は，3 次元のユークリッド空間を指すのがふつうですが，数学では非常に広い意味に使われ，もっとも抽象化された場合には「集合」とほとんど同じ概念を示します．中間的には，位相空間，射影空間などのように，空間のもつ構造ごとに呼び分けられたりもします．

ません．すなわち，射影幾何は，それらを総括する幾何であるということができるでしょう．

効能書きばかりを並べ立ててきましたが，いまひとつ射影幾何のイメージが鮮明でないとお叱りを受けるかもしれません．そこで，残り少ないページ数ではありますが，射影幾何の基本に触れるいくつかの話題を追加させていただきます．

第一は，ユークリッド幾何と非ユークリッド幾何の根本をゆるがしつづけた「平行線」についてです．射影幾何には「平行」という概念がありません．どんな直線どうしでも，少なくとも無限遠では交わる，というより，くっついてしまいます．だから，たとえば，空間のデザルグの定理(260 ページ，図 11.1)の証明に際して，2 つの三角形が平行に並んでいる場合はどうなるかという疑問に対しても，直線どうしは無限遠の彼方で交わるから平気……と澄ましたものです．この感覚は，射影幾何が絵画の透視法などを源流としているからだろうという先生もいるほどです．

第二は，射影幾何の特徴のひとつである**双対原理**です．たとえば，「2 つの点は 1 つの直線を決める」において，点と線とを入れ換えると「2 つの直線は 1 つの点を決める」となりますが，ともに真です．このように，ある真の命題の中で 2 つの概念を入れ換えてできる命題も真となるとき，この 2 つの命題は双対であるといわれます．また幾何学では，平面上の図形に属する点を線に，線を点に置き換えてできる図形は，元の図形と双対です．平面上の射影幾何では

2 点 A, B を通る直線 ⟷ 2 直線 a, b の交点

点 A が直線 l 上にある ⟷ 直線 a が点 L を通る

　　　　射影する　　　　　　　　⟷　　　切断する

と置き換えた命題は双対であり，一方が成立すれば他方も成立します．これを双対原理といいます．たとえば，パスカルの定理「円錐曲線に6角形が内接していれば，対辺の交点が共線である」が成立するので，これに双対な「円錐曲線に6角形が内接していれば，対頂点を通る直線は共点である（**ブリアンションの定理**）」も成立します．

　第三は，射影幾何を構築するための公理についてです．この公理は，ユークリッド幾何の公準に相当するもので，4項目から成っています．

1. 異なる2点を通る直線が1本だけ存在する

2. 任意の2直線は少なくとも1点で交わる

3. 同一線上にない3点が存在する

4. すべての直線上には少なくとも3点が存在する

いかがでしょうか．平行線についての第5公準を含むユークリッド幾何の場合より，かなりすっきりしているとは思いませんか．

　それにしても，たったこれだけの公準から，一般の方にとっては難解きわまりない射影幾何の体系を，よくぞ築き上げたものです．世の中には頭のいい先生たちがいるものだと感心してしまいます．

　ところが，この射影幾何も，すでに古典幾何の仲間に入れられています．そして，現代幾何というのは，位相幾何学と**微分幾何学**なんだそうです．幾何学の名前が付いている研究分野は数多くあります．古典力学に原点を持ち，位相幾何と関係が深い**シンプレティック幾何学**，機械学習や量子情報理論に繋がると言われている**情報幾何学**，代数の概念であった群をグラフで表すことにより幾何学的に

扱う**幾何学的群論**などは，その代表でしょうか．このほかにも，**離
散幾何学，非可換幾何学，速度距離空間の幾何**などがあって，虎視
眈々と幾何学の王座を狙っているようです．

音楽はバッハに始って　バッハに終る
数学は幾何に始って　幾何に終る
　　　　　　　　　　——よく知られた言葉

著者紹介

<ruby>大<rt>おお</rt>村<rt>むら</rt></ruby> <ruby>平<rt>ひとし</rt></ruby>（工学博士）

1930 年	秋田県に生まれる
1953 年	東京工業大学機械工学科卒業
	防衛庁空幕技術部長，航空実験団司令，
	西部航空方面隊司令官，航空幕僚長を歴任
1987 年	退官．その後，防衛庁技術研究本部技術顧問，
	お茶の水女子大学非常勤講師，日本電気株式会社顧問，
	(社)日本航空宇宙工業会顧問などを歴任

幾何のはなし【改訂版】
—論理的思考のトレーニング—

1999 年 9 月 19 日　第 1 刷発行
2005 年 6 月 7 日　第 3 刷発行
2021 年 8 月 30 日　改訂版第 1 刷発行

著　者　大　村　　　平

発行人　戸　羽　節　文

発行所　株式会社 日科技連出版社

〒 151-0051　東京都渋谷区千駄ヶ谷 5-15-5
DS ビル
電　話　出版　03-5379-1244
営業　03-5379-1238

検　印
省　略

Printed in Japan

印刷・製本　河北印刷株式会社

© *Hitoshi Ohmura 1999, 2021*
URL https://www.juse-p.co.jp/

ISBN 978-4-8171-9739-9